Service-Telefon 0800 - 863 44 88

Rufen Sie uns an, wenn Sie Fragen zum Einsortieren der Folgelieferung haben, wenn Ihnen Folgelieferungen fehlen oder wenn Ihr Werk unvollständig ist.

Wir helfen Ihnen schnell weiter!

Der Inhalt dieser Folgelieferung

Titel des Beitrags	aktualisiert	neu, bzw. erweitert	Seiten
Aktuelles		X	16
Untersuchung Innenräume		X	30
Allergienepidemiologie		X	28
PCB	X		18
Grenzwerte		X	56
Diverse Verzeichnisse	X		26
Gesamt			174

Aktuelles

Aktuelles 2/04 zum SpringerLoseblatt-System »Praktische Umweltmedizin«. Herausgeber: A. Beyer, D. Eis

V. Drebing, M. Kuhlmann, H. Lichtnecker, J. Lindemann, M. Obelor

Inhalt:

Editorial

Sehr geehrte Leserin,
sehr geehrter Leser,

im Jahr 2004 soll die „Praktische Umweltmedizin" weiter aktualisiert und ergänzt werden. Die vorhandenen 3 Ordner Ihres Werkes sind aber nahezu gefüllt.

Mit der jetzigen Folgelieferung hätten wir bereits den verfügbaren Rahmen überschritten. Daher sahen wir uns genötigt, die Sektionen 10, 11 und 12, also die rechtlich-administrativen Teile, die Arbeitsmaterialien, das Glossar und die Adressen auf eine CD-ROM auszulagern.

Wir dürfen Sie von daher bitten, gemäß der Einsortierungsanleitung die Teile 10, 11 und 12 aus dem dritten Ordner zu entfernen und auch die notwendigen Umsortierungen vorzunehmen. Für die Aufbewahrung der CD-ROM ist die Einstecktasche auf der Innenseite des dritten Ordners vorgesehen. Beiträge zu den übrigen Sektionen sowie das „Aktuelle" werden Sie auch zukünftig in der gewohnten Papierform erhalten.

Wir bitten Sie um Verständnis für diese Veränderung des Werkes, die im Übrigen die Möglichkeit beinhaltet, Arbeitsmaterialien, wie Anamnesebogen oder Checklisten, selbst ausdrucken zu können.

Mit freundlichen Grüßen

Die Herausgeber

Schimmelpilzsporenkonzentrationen in der Außenluft

Bedeutung in der Umweltmedizin

Das vermehrte Auftreten von Schimmelpilzen in Innenräumen (Innenraumquelle), wird mittlerweile als relevanter wohnungshygienischer Mangel angesehen. Im Vordergrund der gesundheitlichen Beeinträchtigung durch Schimmelpilze steht die Allergie in der Ausprägung der allergischen Rhinitis bis zum Asthma bronchiale. Folgerichtig werden bei Innenraummessungen die atembaren Sporenkonzentrationen erfasst und die Schimmelpilzspezies differenziert. Zur Bewertung der individuellen Gesundheitsgefährdung lassen sich im Wesentlichen die Suszeptibilität im Sinne einer Atopie beziehungsweise eine Immunsuppression der Raumnutzer heranziehen.

Die mikrobielle Qualität der Innenraumluft wird, soweit keine Innenraumquelle vorliegt, bei einer ausreichenden Lüftung, durch die Sporenkonzentration der Außenluft bestimmt. Außerhalb des Innenraums ist man allerdings regelmäßig den Sporen, die sich prinzipiell in der Außenluft befinden ausgesetzt. In der nachfolgenden Arbeit werden Messergebnisse der Außenluft dargestellt und im Hinblick auf ihre Bedeutung diskutiert.

Material und Methoden

Im Kalenderjahr 2003 wurden vom Medizinischen Institut für Umwelt und Arbeitsmedizin Sporenkonzentrationsmessungen in Privathaushalten als Auftragsleistung durchgeführt. Der Einzugsbereich der Messungen erstreckte sich auf den Umkreis von etwa 85 km um Düsseldorf. Zur Beurteilung der Innenraumproben wurde immer eine Vergleichsmessung der Außenluft mitgeführt. Es kamen insgesamt 393 Messergebnisse zur Auswertung.

Die Sporenkonzentrationsmessungen ermitteln als quantifizierende Verfahren die Menge der Schimmelpilzsporen in der Luft, indem mit geeigneten Geräten ein definiertes Luftvolumen gesammelt wird. Die in diesem Luftvolumen enthaltenen Sporen der Pilze werden auf Nährböden abgeschieden.

Die Keimsammlung erfolgte mit dem Raumluftsammelgerät MAS 100 der Firma Merck. Das Gerät besitzt einen schwenkbaren Sammelkopf und ein eingebautes Anemometer für eine automatische Volumenkompensation. Die Luft wird durch eine mit Präzisionslöchern perforierte Abdeckkappe gezogen. Der daraus resultierende Luftstrom, der unter anderem die luftgetragenen Sporen enthält, wird auf die Agaroberfläche der eingelegten Petrischale geleitet und dort impaktiert. Als Sammelmedium kommt eine handelsübliche Petrischale mit einem DG18 Nährboden der Firma Oxid zum Einsatz. Dieses wird vor und nach der Probennahme dicht verschlossen transportiert.

Bei den Außenluftmessungen wird die Luft entgegen der Schwerkraft angesaugt, um eine isolierte Impaktion der Luftsporen zu erhalten. Mögliche, unerwünschte Sedimentationseffekte können so ausgeschlossen werden.

Da sich die meisten in unserer Umgebungsluft und aus Schimmelbesatzstellen stammenden Sporen am besten bei etwa 25 ± 3 °C entwickeln, wurde dieser Temperaturbereich, stimmig mit den Literaturangaben, für die Anzüchtung gewählt [1]. Zur Bestimmung der koloniebildenden Einheiten (KBE) wurden je nach Wachstum die gebildeten Kolonien vom dritten bis maximal zum zehnten Tag täglich ausgezählt. Die höchste Anzahl an KBE, bei denen noch keine Sekundärsporen auftraten, wurde als gültiges Ergebnis dokumentiert. Unter Einbeziehung des Probennahmevolumens wurde auf koloniebildende Einheiten pro m³ (KBE/m³) umgerechnet.

Bei höheren ermittelten Keimzahlen sind statistische Bereinigungen durch mögliche Mehrfachbelegung der verfahrensbedingt begrenzten Impaktionspunkte des Keimsammlers durchgeführt worden.

Ergebnisse und Diskussion

In die Auswertung wurden insgesamt 393 Messergebnisse von Luftsammelproben aus dem Jahr 2003 einbezogen. Sie wurden in Privathaushalten im Großraum um Düsseldorf (Umkreis bis 85 km) erhoben.

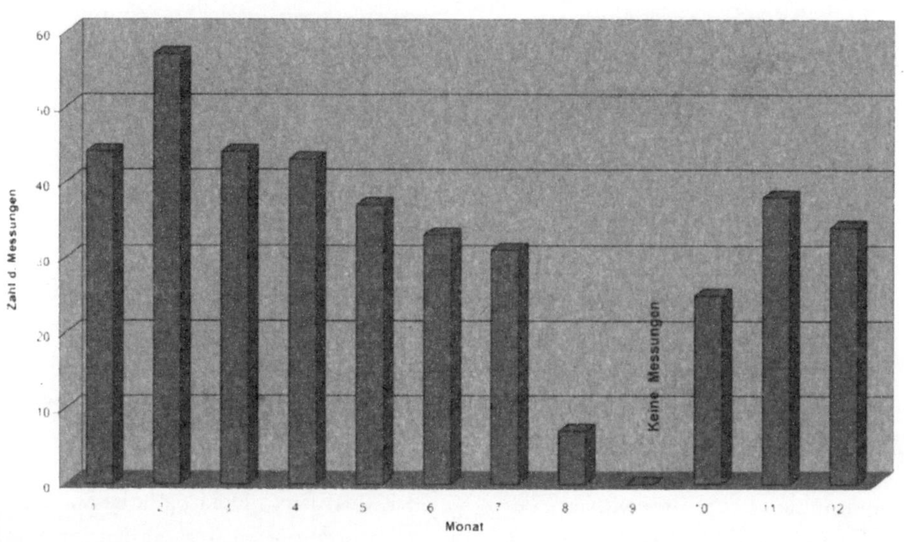

Abb. 1: *Zahl der Messungen je Monat*

Der Zeitraum erstreckte sich von Januar bis einschließlich Dezember. Abbildung 1 gibt die Verteilung der Anzahl der Messungen zu den Monaten des Jahres wieder. Deutlich zeigt sich, dass die Zahl der Messungen zu Beginn und zu Ende des Jahres höher ist. Im September wurden keine Messungen beauftragt. Der Auftrag zur Schimmelpilzmessung resultierte aus einem Anfangsverdacht auf eine Innenraumexposition bei vorliegender klinischer Symptomatik des Raumnutzers. Beschränkt man sich auf den Personenkreis mit einer spezifischen Sensibilisierung gegenüber Schimmelpilzen, so wäre zu erwarten, dass Beschwerden bei einer entsprechenden Allergenexposition auftreten. Da die Außenluftqualität die Innenluftqualität in der Regel bestimmt, wären hohe Außenluftkeimzahlen als Ursache der Beschwerden nicht auszuschließen.

Gemittelt über alle Messungen im Jahr 2003 betrug die Außentemperatur 12,0 ± 8,7 °C bei einer relativen Luftfeuchtigkeit von 56,2 ± 23,0 %. Betrachtet man die Zahl der koloniebildenden Einheiten pro m^3 so finden sich im Jahresmittel 706,7 ± 930,1 KBE/m^3. Die hohe Standardabweichung charakterisiert das Maß der Streuung der Messwerte um den Mittelwert der Verteilung. Das heißt es liegt keine Normalverteilung vor.

Bei den am meisten in der Außenluft vorkommenden Schimmelpilzspezies handelt es sich um *Cladosporium spp.* (401,0 ± 823,9 KBE/m^3). Mit einer bereits deutlich geringeren Luftkonzentration findet sich *Penicillium spp.* wieder (46,8 * 132,8 KBE/m^3). *Aspergillus fumigatus* weist in der Luft 17,9 ± 134,9 KBE/m^3 auf. *Alternaria alternata* (4,2 ± 25,9 KBE/m^3), *Botrytis cinerea* (4,2 ± 12,5 KBE/m^3), *Aspergillus niger* (2,1 ± 23,6 KBE/m^3), *Aspergillus versicolor* (2,6 ± 44,4 KBE/m^3), *Penicillium glabrum* (3,5 ± 41,8 KBE/m^3) finden sich in der Außenluft zu einem weitaus geringerem Anteil. Steriles Mycel hat in der Luft einen nicht unbedeutenden Anteil (198,5 + 387,0 KBE/m^3). Die anderen differenzierten Schimmelpilze nehmen einen nur geringen Anteil am Gesamtkeimspektrum der Luft ein. Ähnliche Verteilungen in der Außenluft lassen sich offensichtlich weltweit finden [2].

In Abbildung 2 sind die Anteile der verschiedenen Spezies an Schimmelpilzen in der Luft dargestellt (Mittelwerte). Einschränkend ist anzuführen, dass es sich in der Darstellung um Mittelwerte handelt. Damit wird die erhebliche Schwankung innerhalb der Messreihe aus 2003, die die Standardabweichung dokumentiert, nicht dargestellt.

Setzt man die Gesamtsporenkonzentrationen ins Verhältnis zu den jeweiligen Monaten des Jahres zeigt sich ein Maximum der Schimmelpilzsporen im Juli mit einem Mittelwert von 2.502 KBE/m^3 (Abb. 3). Das Maximum im Juli betrug 3.120 KBE/m^3. Derartig hohe Sporenkonzentrationen wären für den Innenraum als problematisch anzusehen, da die-

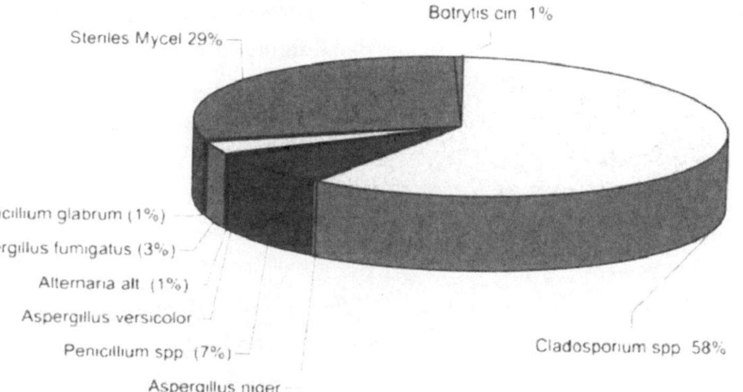

Abb. 2: *Prozentualer Anteil der Luftsporen*

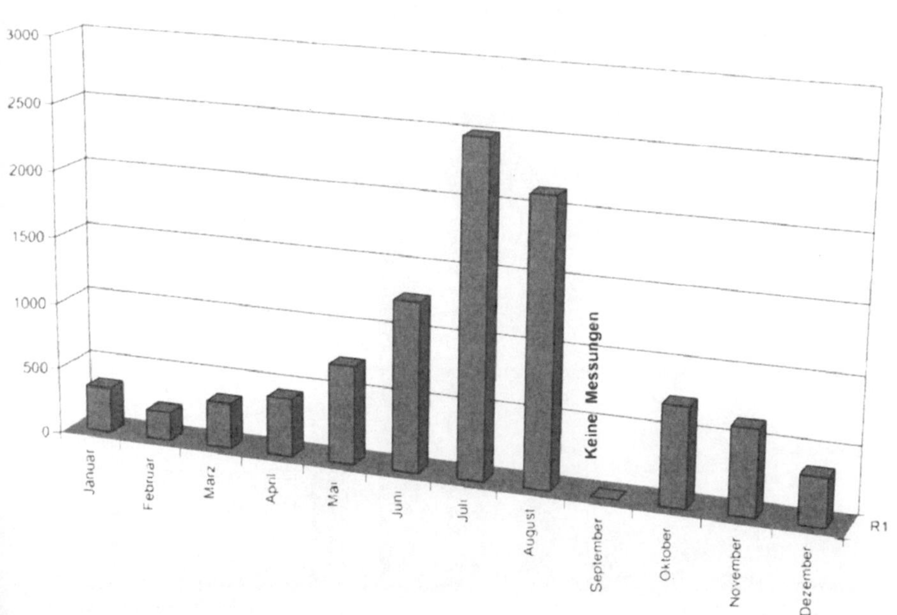

Abb. 3: *Gesamtsporenkonzentration in der Luft in den unterschiedlichen Monaten*

se Luftbelastungen in der Regel mit einer erheblichen Innenraumquelle einhergehen.

Zu der saisonal vorherrschenden Schimmelpilzspezies ist eine Darstellung des jahreszeitlichen Verlaufs geeignet. *Cladosporium spp.* finden sich vermehrt von Juni bis August in der Luft. Das Maximum liegt im August, mit im Mittel 2.110 KBE/m³ (Abb. 4). Cladosporien sind im Aeroplankton damit in hoher Konzentration nachweisbar. Die jahreszeitliche Verteilung weist eine ausgeprägte saisonale Spitze auf. Cladosporien besitzen insbesondere durch ihre aerogene Expositionsintensität eine ausgeprägte allergologische Bedeutung. Oft wird wegen dem zeitgleichen Auftreten des Gräserpollenflugs mit erhöhten Cladosporienkonzentrationen in der Luft die Schimmelpilzallergie mit einer Pollinose verwechselt. Zudem besteht bei den *Cladoporium spp.* ein nutritiver Eintrag, der dann zusammen mit der inhalativen Exposition eine klinische Ausprägung im Sinne einer Allergie verursacht.

Penicillium spp. gehören zu den am weitesten verbreiteten Pilzen. Im Aeroplankton zeigt sich aufgrund unserer Messungen ein Schwerpunkt des Auftretens in der zweiten Jahreshälfte (Abb. 5). Der Schwerpunkt der luftgetragenen Penicilliumsporen liegt im Herbst (Oktober). Oft fällt der Zeitpunkt der vermehrten Peni-

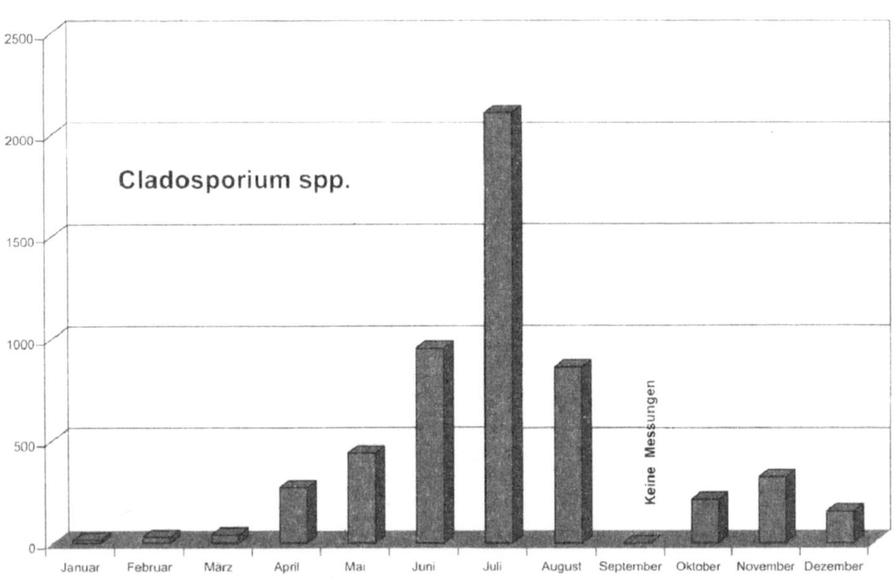

Abb. 4: *Saisonbedingte Häufung von Cladosporium spp.*

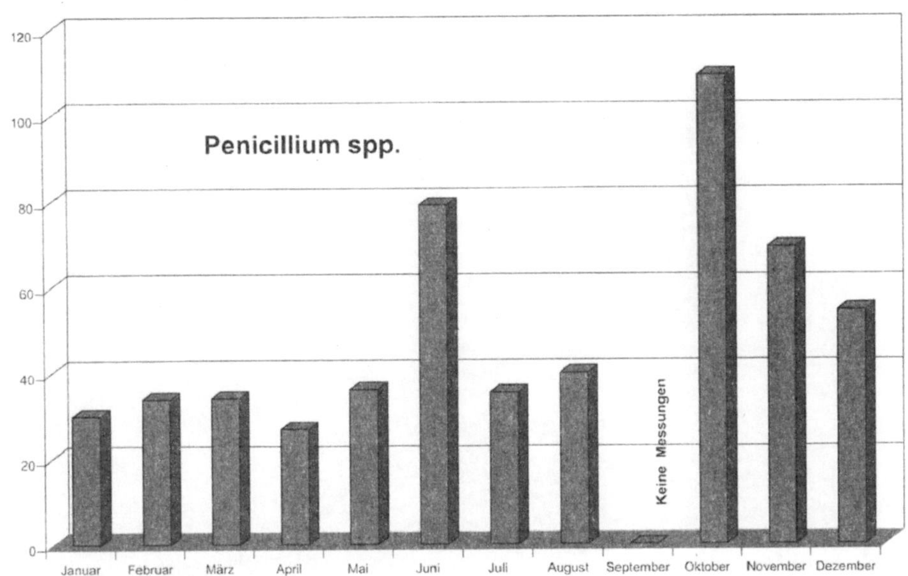

Abb. 5: *Saisonbedingte Häufung von Penicillium spp.*

cilliumexposition in der Außenluft mit dem Beginn der Heizperiode zusammen. Durch das Heizen von Wohn- und Aufenthaltsräumen wird das intramurale Milbenallergen vermehrt atembar. Daher bestehen oft Verwechslungen zwischen einer klinisch relevanten Sensibilisierung auf Milben und der auf *Penicillium spp.* Die allergene Bedeutung von *Penicillium spp.* ist als hoch anzusehen.

Aus dem Bereich der Müllentsorgung wird von einem erhöhten Allergierisiko der Beschäftigten insbesondere gegenüber *Aspergillus fumigatus* ausgegangen [3, 4, 5]. Eindrucksvoll ist in dieser Hinsicht der Fall eines 29-jährigen Müllwerkers, bei dem eine berufsbedingte allergische bronchopulmonale Aspergillose festgestellt werden konnte. Messungen ergaben, dass die Luft hinter seinem Müllwagen hohe Pilz- und Keimstoffkonzentrationen aufwies [4]. In Zukunft ist mit einem noch höheren Aufkommen von Biomüll zu rechnen. Da die langen Lagerzeiten insbesondere in der warmen Jahreszeit für die Schimmelpilze ideale Wachstumsbedingungen darstellen, ist im häuslichen und beruflichen Bereich ein Anstieg von Schimmelpilzallergien nicht auszuschließen.

Aspergillus-fumigatus-Sporen fanden sich bei unseren Messungen im Aeroplankton vermehrt im Frühjahr (Abb. 6). *Aspergillus spp.* gehören zu den allergologisch bedeutsamsten Schimmelpilzen. Ne-

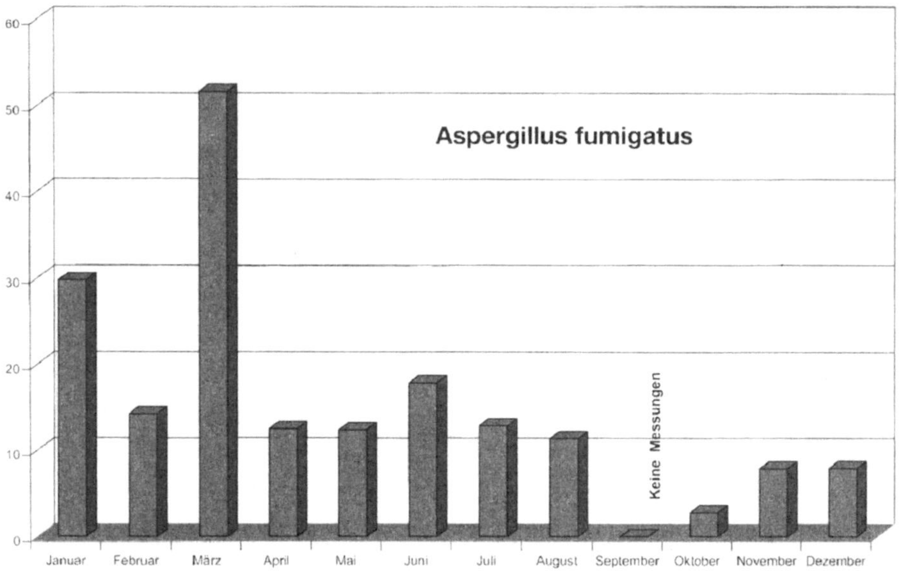

Abb. 6: *Saisonbedingte Häufung von Aspergillus fumigatus*

ben den luftgetragenen Sporen haben die Schimmelpilze Bedeutung in der biotechnologischen Produktion von Lebensmitteln und werden daher häufig unerkannt mit der Nahrung aufgenommen. Wie bereits oben aufgeführt, führen Kompostierungen zu höheren Sporenkonzentrationen in der Luft.

Der Sporenflug in der Luft von *Botrytis cinerea* erstreckt sich von Mai bis August (Abb. 7). Die Hauptsporulation ist in der Mittagszeit. Auch hier besteht eine Verwechslungsgefahr für die Pollinose. Eine nutritive Aufnahme erfolgt mit Obst und Wein.

In den Abbildungen 8 und 9 ist die saisonale Verteilung von Sporen des *Alternaria alternata* und des *Aspergillus versicolor* dargestellt. Beide Spezies besitzen eine besondere Bedeutung bei der Entwicklung von Atemtraktallergien [6].

Allergene, wie Blütenpollen, Hausstaubmilben oder Tierhaare können bei spezifisch sensibilisierten Personen zu ein Vielzahl von allergischen Beschwerden führen. Im Vordergrund stehen die allergische Rhinokonjunktivitis und das allergische Asthma bronchiale. Bekannt ist, dass diese Allergene in der Lage sind, bei Asthmatikern die Erkrankung zu unterhalten und auch akut Anfälle auszulösen [7].

Offensichtlich stellen die Sporen von Schimmelpilzen ein gleichbedeutendes

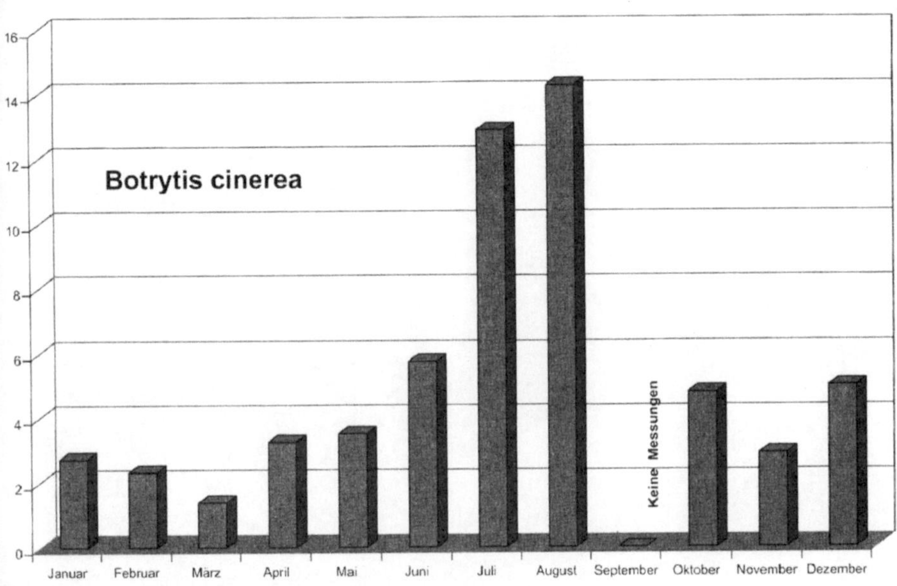

Abb. 7: *Saisonbedingte Häufung von Botrytis cinerea*

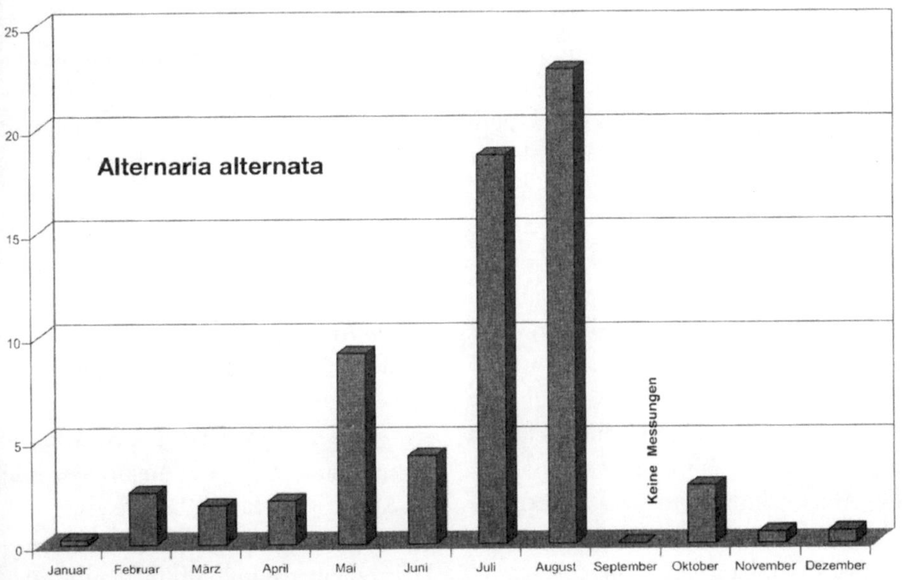

Abb. 8: *Saisonbedingte Häufung von Alternaria alternata*

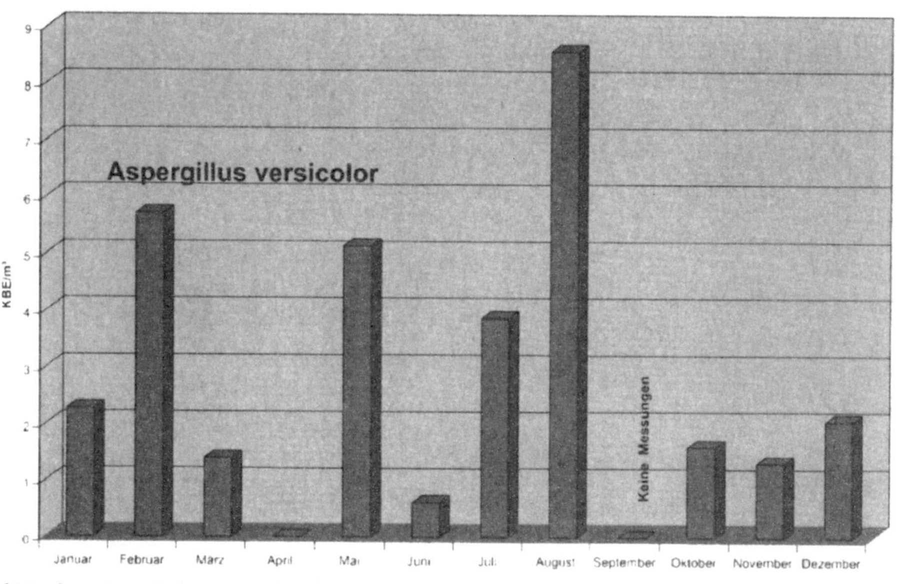

Abb. 9: *Saisonbedingte Häufung von Aspergillus alternata*

oder gar noch größeres Risiko für die Betroffenen dar. So erweisen sich Schimmelpilze der Spezies Alternaria als ein Hauptallergen bei asthmatischen Kindern [8]. In einer aktuellen Untersuchung ließ sich belegen, dass Sporen der Pilze *Alternaria alternata* und *Cladosporium herbarum* durchaus geeignet sind, Asthmaanfälle auslösen [7]. Diese Spezies stellen in der Außenluft den Hauptanteil der Sporen dar.

Die Verbreitung von Schimmelpilzen in der Außenluft kann durch einzelne Sporen oder durch aggregierte Sporen erfolgen. Seltener finden sich Hyphenbruchstücke oder gar einzelne Zellen. Meist sind die luftgetragenen Partikel an Staubteilchen aggregiert selten nur in Tröpfchen (Aerosol) suspendiert [9]. Sporen von Schimmelpilzen in der Außenluft haben eine Größe im Bereich von 2 bis 10 µm. Nur in wenigen Fällen können Sporengrößen bis 30 µm erreicht werden. Inhalierte Partikel mit einem Durchmesser von über 10 µm werden bereits in den oberen Atemwegen deponiert und weitgehend durch die natürliche Reinigungsfunktion entfernt. Kleine Partikel gelangen zu einem großen Teil in den Bereich der untersten Etagen der Atemwege bis in die Alveolen. Da kleine Teilchen sich nahezu wie Gase verhalten, wird nur ein Teil von ihnen durch Sedimentation zurückgehalten.

[7] Zureik M., Neukirch C., Leynaert B., Liard R., Bousquet J., Neukirch F. *Sensitisation to airborne moulds and severity of asthma: cross sectional study from European Community respiratory health survey. BMJ 2002 325:411*
[8] Halonen M., Stern D.A., Wright A.L., Taussig L.M., Martinez F.D.: *Alternaria as a major allergen for asthma in children raised in a desert environment. Am. J. Respir. Crit. Care Med 155, 4 (1997) 1356-1361.*
[9] Moriske H.-J., Szewzyk R.: *Leitfaden zur Vorbeugung, Untersuchung, Bewertung und Sanierung von Schimmelpilzwachstum in Innenräumen („Schimmelpilz-Leitfaden") Innenraumlufthygienekommission des Umweltbundesamtes Umweltbundesamt Berlin 2002*
[10] Jorde W.: *Schimmelpilzallergie: Eine Übersicht. Allergologie 22 (1999) 326-329.*

H. Lichtnecker und M. Kuhlmann, Medizinisches Institut für Umwelt- und Arbeitsmedizin MIU GmbH, Erkrath, M. Obeloer, biomess Ingenieurbüro GmbH, Korschenbroich und J. Lindemann, Erkrath

■

Neues aus der HBM-Kommission

Hämoglobinaddukte als Biomarker

Die Human-Biomonitoring-Kommission hat eine Stellungnahme zur Verwendung von Hämoglobinaddukten als Biomarker für das Monitoring von Belastungen und Beanspruchungen durch gentoxische Stoffe veröffentlicht [1]. Nach der HBM-Kommission stellt die Messung von Hämoglobin-Addukten einen für das Effektbiomonitoring geeigneten Ansatz dar, wenn eine individuelle Belastung durch Stoffe vorliegt, die reaktive Metaboliten und DNA-Proteinaddukte bilden. Als hauptsächlicher Anwendungsbereich wird eine Belastungsabschätzung von Einzelpersonen oder Personengruppen angesehen, die einer erhöhten Belastung durch die oben genannten Stoffe ausgesetzt sind. Die Messung von Hämoglobinaddukten erweist sich dabei als vorteilhafter für die Abschätzung der individuellen Belastung als andere Untersuchungen, wie etwa Bodenuntersuchungen oder auch eine theoretische Expositionsabschätzung, da sie brauchbarere Werte liefert.

Die HBM-Kommission empfiehlt daher, Hämoglobinadduktmessungen als Effektmonitoring einzusetzen, »wenn es darum geht, Gefahrstoffbelastungen im Menschen nachzuweisen und die Beanspruchung des Einzelnen oder einer Gruppe durch Vergleich mit einer Referenzpopulation nach dem Referenzwertekonzept zu bewerten (relatives Risiko)«.

Die HBM-Kommission stellt allerdings einschränkend fest, dass die Adduktkonzentrationen keine Aussagen zum absoluten Krebsrisiko zulassen. Dennoch seien bei exponierten Personen Maßnahmen zur Reduktion der Exposition zu treffen.

[1] Human-Biomoitoring-Kommission des Umweltbundsamtes: *Verwendung von Hämoglobinaddukten als Biomarker für das Monitoring von Belastungen und Beanspruchungen durch gentoxische Stoffe. Bundesgesundheitsblatt – Gesundheitsforschung – Gesundheitsschutz; 2003/10: 918-922*

Verena Drebing, Redakteurin, Walluf

■

Aufnahme von PCB in Innenräumen

Nach Auffassung der HBM-Kommission ist die PCB-Belastung des Menschen durch Innenräume im Vergleich zur nahrungsbedingten Exposition als vernachlässigbar einzustufen [1]. Außerdem sei die Exposition durch Nahrung weiterhin rückläufig. Die HBM-Kommission hält daher die in der aktuellen PCB-Richtlinie genannten Interventionswerte von 3.000 ng/m^3 und den Vorsorgewert von 300 ng/m^3 für ausreichend. Dennoch hält die Kommission es für ratsam, gegebenenfalls auch HBM-Werte für PCB abzuleiten, um in Zukunft PCB-Raumluftbelastungen oder Belastungen über andere Pfade besser einordnen zu können. Hierfür wäre die Untersuchung von Blut- und Plasmaproben einer repräsentativen Gruppe der Allgemeinbevölkerung erforderlich, wobei eventuell neue und sensitivere analytische Methoden genutzt werden sollten, um die PCB-Werte im unteren ng-Bereich zu erfassen. Aus diesen Ergebnissen könnten Referenzwerte für PCB 28, 52 und 101 abgeleitet werden. Neben diesen PCB-Indikatorkongeneren sind allerdings in letzter Zeit auch coplanare PCB in der wissenschaftlichen Diskussion. Laut HBM-Kommission weisen neuere Ergebnisse darauf hin, dass »PCB-kontaminierte Räume (bei hoch chloriertem PCB-Kongeneren-Muster) zum Teil kritische Konzentrationen an coplanaren PCB erreichen, wenn man die mit üblichen Expositionsszenarien berechnete inhalativ aufgenommene PCB-Dosis mit dem von der WHO empfohlenen TEQ-Richtwert vergleicht«. Allerdings könne man davon ausgehen, dass die Aufnahme der coplanaren PCB bei Anwendung dieser Verfahren ebenso überschätzt werden würde, wie die Aufnahme der Indikatorkongenere. Die interne Belastung läge also nicht im kritischen Bereich. Die HBM-Kommission spricht sich daher dafür aus, weitere Biomonitoring-Untersuchungen durchzuführen um diese Fragen sicher abzuklären und im Zuge der Revision der PCB-Richtlinie auch die HBM-Untersuchung in die Entscheidungsfindung einzubeziehen.

[1] Human-Biomonitoring-Kommission des Umweltbundsamtes: *Abschätzung der zusätzlichen Aufnahme von PCB in Innenräumen durch die Bestimmung der PCB-Konzentrationen in Plasma bzw. Vollblut. Bundesgesundheitsblatt – Gesundheitsforschung – Gesundheitsschutz; 2003/10: 923-927*

Verena Drebing
Redakteurin, Wallu

Referenzwerte für Organophosphatmetabolite

Die HBM-Kommission hat neue Referenzwerte für die Belastung der Bevölkerung mit Organosphosphatmetaboliten im Urin veröffentlicht (Tabelle 1) [1]. Diese gelten für die Metabolite DMP, DMTP und DEP, da die ermittelten Werte meist über der Bestimmungsgrenze lagen. Die Werte

Tabelle 1: Referenzwerte für die Organosphosphatmetabolite DMP, DMTP und DEP in der Allgemeinbevölkerung (gemessen im Urin).

Metabolit	Referenzwert [μgl]
DMP	135
DMTP	160
DEP	16

für die Metabolite DMDTP, DETP und DEDTP können hingegen nicht angegeben werden, da die gefundenen Konzentrationen bei einem Großteil der Proben unterhalb der Bestimmungsgrenze von 1 μg/l lagen. Die jetzt vorliegenden Daten stammen aus verschiedenen Untersuchungen aus Deutschland, die relativ gut mit internationalen Werten übereinstimmen.

[1] HUMAN-BIOMOITORING-KOMMISSION DES UMWELTBUNDSAMTES: *Innere Belastung der Allgemeinbevölkerung in Deutschland mit Organophosphaten und Referenzwerte für die Organophosphatmetabolite DMP, DMTP und DEP im Urin. Bundesgesundheitsblatt – Gesundheitsforschung -- Gesundheitsschutz; 2003/10: 1107-1111*

VERENA DREBING,
Redakteurin, Walluf

■

Termine

August

13th World Clean Air and Environment Congress and Exhibition
Termin: 22.-7.08.04
Ort: London (UK)
Information: KENES Organizers of Congresses Head Office, P. O. Box 56 70100 Airport City/Ben-Gurion Airport, Israel
Tel.: 00972/3/9727500
Fax: 00972/3/9727555
Mail: conventions@kenes.com
www.kenes.com

September

20. Fortbildungskongress – Fortschritte der Allergologie, Immunologie und der Dermatologie
Termin: 01.-04.09. 2004-02-09
Ort: Davos, Schweiz
Information: Technische Universität München, Klinik und Poliklinik für Dermatologie und Allergologie, Prof. Dr. med. Dr. phil. Johannes Ring, Sekretariat Frau Enderlein, Biedersteinerstraße 29, 80802 München
Tel.: 089/41403205
Fax: 089/41403173
Mail: kongresse.dermo@lrz.tum.de

Occupational Indoor Air Problems Caused by Mouldy Buildings
Termin: 21.-25.09.04
Ort: Heinävesi (Finnland)

Information: Nordic Institute
for Advanced Training in Occupational Health – NIVA, Topeliuksenkatu 41 aA, 00250 Helsinki, Finnland
Mail: niva@ttl.fi

Weiterbildung Umweltmedizin – Kursblock I
Termin: 24.-25.09.2004
Ort: Rottenburg/Neckar
Information: Sozial- und Arbeitsmedizinische Akademie, Margot Gößling, Adalbert-Stiftre-Straße 105, 70427 Stuttgart;
Tel.: 0711/848884-17
Fax: 0711/848884-20
Mail: goessling@samanet.de

DGHM Jahrestagung
Termin: 26.-29.09.04
Ort: Münster
Information: Institut für Hygiene und Mikrobiologie, Dr. Nicole von Maltzahn, Josef-Schneider-Straße 2,
97080 Würzburg
Tel.: 0931/20146165
Fax: 0931/2013445
Mail: nmaltzahn@hygiene.uni-wuerzburg.de
www.dghm.org

Oktober

Weiterbildung Umweltmedizin – Kursblock I
Termin: 08.-09.10.2004
Ort: Rottenburg/Neckar
Information: Sozial- und Arbeitsmedizinische Akademie, Margot Gößling,
Adalbert-Stifter-Straße 105,
70427 Stuttgart;
Tel.: 0711/848884-17
Fax: 0711/848884-20
Mail: goessling@samanet.de

Deutscher Kongress für Umweltmedizin
Termin: 08.-10.10.04
Ort: Bad Kissingen
Information: Pathologisches Institut der FAU Erlangen-Nürnberg,
Prof. Dr. Hans-Jürgen Pesch,
Krankenhausstraße 8-10,
91054 Erlangen
Tel.: 09131/8522289
Fax: 0931/8525785
Mail: hans-juergen.pesch@patho.imed.uni-erlangen.de
www.pathologie.med.uni-erlangen.de

Anleitung zum

Einsortieren

Folgelieferung August 2004

Sehr geehrte Abonnentin, sehr geehrter Abonnent,

zu der vorliegenden Folgelieferung unseres Loseblattsystems Praktische Umweltmedizin liefern wir Ihnen neben der gewohnten Printform einen Teil des Werks auf CD (siehe auch Editorial in der Beilage „Aktuelles"). Bitte sortieren Sie die Sektionen 10, 11 und 12 aus dem dritten Ordner aus (Sie können die Unterlagen natürlich auch in einem privaten Ordner archivieren). Sie haben jetzt Platz für einen großen Teil der Sektion 09 im dritten Ordner (von 09.02 bis 09.06). In den zweiten Ordner übernehmen Sie bitte die Sektionen 04 und 05 aus dem ersten Ordner. In Ihrem ersten Ordner finden Sie jetzt noch die Sektionen 01, 02 und 03.

Die mitgelieferte CD hat in der CD-Hülle auf der Innenseite des Umschlagdeckels des ersten Bandes Platz.

Wir hoffen, Ihnen mit dieser Lösung entgegen zu kommen.

Ihr Werk, das nehmen Sie heraus:		**Diese Folgelieferung,** das ordnen Sie ein:	
Das Titelblatt (Stand März 2003)	2 Seiten	Das neue Titelblatt (Stand August 2004)	2 Seiten
Sektion 00, Wegweiser / 1. Ordner			
Das Inhaltsverzeichnis der Sektion 00	1 Seite	Das aktualisierte Inhaltsverzeichnis der Sektion 00	1 Seite
Das Kapitel 00.03: »Inhaltsübersicht«	7 Seiten	Das aktualisierte Kapitel 00.03: »Inhaltsübersicht«	7 Seiten
Das Kapitel 00.04: »Autorenverzeichnis«	7 Seiten	Das aktualisierte Kapitel 00.04: »Autorenverzeichnis«	7 Seiten

Ihr Werk, das nehmen Sie heraus:		**Diese Folgelieferung,** das ordnen Sie ein:	
Sektion 04, Diagnostik / 2. Ordner			
Das Inhaltsverzeichnis der Sektion 04	1 Seite	Das aktualisierte Inhaltsverzeichnis der Sektion 04	2 Seiten
		Das neue Kapitel 04.09 »Anleitung zur Überprüfung von chemischen Schadstoffen in Innenräumen« (Einordnen nach »Diagnostik bei allergischen Erkrankungen«)	30 Seiten
Sektion 08, Theoretische Grundlagen / 2. Ordner			
Das Inhaltsverzeichnis der Sektion 08	1 Seite	Das aktualisierte Inhaltsverzeichnis der Sektion 08	1 Seiten
		Das neue Kapitel 08.02 »Umweltepidemiologie« »Teil 2: Allergien« (Einordnen vor »Anhang: Epidemiologische Methoden«)	28 Seiten
Sektion 09, Umweltbelastungen / 2. + 3. Ordner			
Das Inhaltsverzeichnis der Sektion 09	5 Seiten	Das aktualisierte Inhaltsverzeichnis der Sektion 09	5 Seiten
Das Kapitel 09.01 »Chemische Einflussfaktoren« »Teil 4: Organische Stoffe – PCB«	16 Seiten	Das aktualisierte Kapitel 09.01 »Chemische Einflussfaktoren« »Teil 4: Organische Stoffe – PCB« (Einordnen nach »Phthalate«)	18 Seiten

Sektion 10, 11, 12 komplett aussortieren, die Sektionen sind auf der mitgelieferten CD enthalten

Zur Vervollständigung Ihrer Printversion von Sektion 11 erhalten Sie mit dieser Folgelieferung die aktualisierten Beiträge 11.01 Grenz-, Richt- und Orientierungswerte: »Elektromagnetische Felder«, »Boden«, »Lärm« und »Toxikologische Wertsetzungen« zum Austauschen.

Praktische Umweltmedizin

Klinik, Methoden, Arbeitshilfen

Herausgegeben von
A. Beyer
D. Eis

Redaktion
V. Drebing

Mit Beiträgen von
A. Aeschlimann, H. Altenkirch, D. Arndt, M. Augthun, A. J. Augustin, W. Babisch, N. Becker, W. Behrendt, J. H. Bernhardt, A. Beyer, H. K. Biesalski, R. Birke, W. Bischof, P. Braun, M. Bullinger, T. Bunge, W. Butte, W. Clemens, R. Cremer, S. Drebing, V. Drebing, G. Eglseer, R. Eife, T. Eikmann, D. Eis, S. Engelhart, N. Englert, L. Erdinger, U. Ewers, M. Exner, U. Fegeler, L. M. Fels, H. Fender, M. Fischer, W. Frank, W. Frase, H. Fromme, U. Gieler, H. Grams, J. Gleditsch, Th. Gratza, G. M. Hänsch, V. Hanf, H.-K. Hauffe, W. Hausotter, A. Heese, J. Heinrich, B. Heinzow, A. Hellmann, A. Hellwig, D. Hensen, O. Herbarth, M. Herbst, C. Herr, U. Heudorf, B. Hoppe, K. Horn, U. Hott, G. Jendritzky, M. Kabesch, U. Kaiser, A. D. Kappos, W. Kersten, R. Klein, A. Köhler, W. Köhnlein, C. Köppel, W. Körner, R. Konietzka, G. Koss, B. Kouros, R. Krätke, M. Kramer, P. Kröling, R. Kroidl, H. Kruse, J. Küchenhoff, G. Laschewski, E. Lattmann, H. Lichtnecker, B. Link, R. Loddenkemper, C. Maas, D. Marchl, M. Meinhold, M. Meis, T. Mensing, V. Mersch-Sundermann, S. Mohr, H.-J. Moriske, K. E. von Mühlendahl, L. Müller, E. von Mutius, F. Neisel, A. Nennecke, A. Neubauer, H. F. Neuhann, R. H. Nussbaum, M. Obeloer, P. Ohnsorge, G.-M. Ostendorf, O. Oster, M. Otto, K.-P. Peters, G. Petzold, M. Piloty, T. Platzek, S. Pleischl, P. Plieninger, M. Reitzig, A. W. Rettenmeier, R. Röben, F. Rück, H. Rüden, H. Sagunski, C. Schaefer, M. Schata, W. Schimmelpfennig, H. Schleibinger, A. Schleusener, A. Schnuch, D. Schrenk, F. Schweinsberg, H. Schweisfurth, E. Schweizer, M. Schwenk, B. Seifert, H. J. Staehle, A. Stallmach, B. Steinheider, U. Stölzel, F. Tedsen-Ufer, M. Teufel, B. Volkens, A. Wichmann, G. A. Wiesmüller, B. Wildeboer, M. Wilhelm, E. Wins, A. Winkgen-Böhres, J. Wuthe, M. Zeitz

Stand: August 2004

Springer-Verlag Berlin Heidelberg GmbH

Impressum

Herausgeber
Dr. med. ANDREAS BEYER
Leiter des Gesundheitsamtes und der Umweltmedizinischen Ambulanz, Berlin-Steglitz

Dr. med. DIETER EIS
Leiter des Fachgebiets Umweltmedizin am Robert Koch-Institut, Berlin

Redaktion
Dr. VERENA DREBING
Riesengebirgsstr. 10
65396 Walluf

Geschäftliche Post bitte ausschließlich an Springer GmbH & Co. Auslieferungsgesellschaft
-Kundenservice-
zu Hd. Frau F. SCHLIE
Haberstr. 7, 69126 Heidelberg
Freecall: 0800-8634488,
Fax (06221) 345-4229,
e-mail: frauke.schlie@springer.de

ISBN 28. Nachlieferung: 3-540-22098-3
ISBN 29. Auflage: 3-540-21041-5
Springer Medizin Verlag Heidelberg

ISBN 978-3-540-22098-5 ISBN 978-3-662-36373-7 (
DOI 10.1007/978-3-662-36373-7

Dieses Werk ist urheberrechtlich geschützt. Die dadurch begründeten Rechte, insbesondere die der Übersetzung, des Nachdrucks, des Vortrags, der Entnahme von Abbildungen und Tabellen, der Funksendung, der Mikroverfilmung oder der Vervielfältigung auf anderen Wegen und der Speicherung in Datenverarbeitungsanlagen, bleiben, auch bei nur auszugsweiser Verwertung, vorbehalten.
Eine Vervielfältigung dieses Werkes oder von Teilen dieses Werkes ist auch im Einzelfall nur in Grenzen der gesetzlichen Bestimmungen des Urheberrechtsgesetzes der Bundesrepublik Deutschland vom 9. September 1965 in der Fassung vom 24. Juni 1985 zulässig.
Sie ist grundsätzlich vergütungspflichtig.
Zuwiderhandlungen unterliegen den Strafbestimmungen des Urheberrechtsgesetzes.

Springer Medizin Verlag Heidelberg.
Ein Unternehmen von Springer Science+Businnes Media

springer.de

© Springer-Verlag Berlin Heidelberg 2004
Ursprünglich erschienen bei Springer Heidelberg 2004

Die Wiedergabe von Gebrauchsnamen, Handelsnamen, Warenbezeichnungen usw. in diesem Werk berechtigt auch ohne besondere Kennzeichnung nicht zu der Annahme, dass solche Namen im Sinne der Warenzeichen- und Markenschutz-Gesetzgebung als frei zu betrachten wären und daher von jedermann benutzt werden dürften.
Produkthaftung: Für Angaben über Dosierungsanweisungen und Applikationsformen kann vom Verlag keine Gewähr übernommen werden.
Derartige Angaben müssen vom jeweiligen Anwender im Einzelfall anhand anderer Literaturstellen auf ihre Richtigkeit überprüft werden.

Projektentwicklung: Dr. N. Stiller, med-inform, Düsseldorf
Visuelles Konzept: MetaDesign, Berlin
Herstellung: PRO EDIT GmbH, Heidelberg
Satz: AM-productions, Wiesloch
Druck: Druckerei Wesel, Baden-Baden
Gedruckt auf säurefreiem Papier 22/3160Di

Sektion 00, Wegweiser

Inhaltsübersicht der Sektionen und ihrer Kapitel

(die mit dieser Folgelieferung gelieferten Beiträge sind hellgrün unterlegt, Beiträge, die bereits erschienen sind, sind fett ausgezeichnet – die übrigen Kapitel sind in Vorbereitung)

Sektion 03, Symptome, Befunde und Krankheiten unter umweltmedizinischem Aspekt / 1. Ordner

Sektion 04, Umweltmedizinische Untersuchung und Diagnostik / 2. Ordner

– Weitere Beiträge in Vorbereitung –

Sektion 05, Prophylaxe, Therapie und Beratung / 2. Ordner

Sektion 06, Kritische Bewertung unkonventioneller diagnostischer und therapeutischer Verfahren / 2. Ordner

Sektion 07, Umweltmedizin in der Praxis des niedergelassenen Arztes und in anderen Einrichtungen / 2. Ordner

Sektion 08, Theoretische Grundlagen der Umweltmedizin / 2. Ordner

Sektion 10, Rechtliche und administrative Aspekte / CD

Sektion 11, Arbeitsmaterialien / CD

Sektion 12, Glossar, Abkürzungen, Adressen / CD

Autorenverzeichnis

AESCHLIMANN, ANDRÉ,
PD. Dr. med., Chefarzt und Medizinischer Direktor, Rheuma- und Rehabilitationsklinik Zurzach, Schweiz

ALTENKIRCH, HOLGER,
Prof. Dr. med., Chefarzt der Neurologischen Abteilung des Krankenhauses Spandau, Akademisches Lehrkrankenhaus der HU Berlin

ARNDT, DIETRICH,
Prof. Dr. sc. med., Facharzt für Innere Medizin, Arbeitsmedizin und Umweltmedizin, Privat- und Begutachtungspraxis Berlin-Biesdorf, Berlin

AUGTHUN, MICHAEL,
PD Dr. med. dent., Klinik für Zahnärztliche Prothetik, Universitätsklinikum Aachen

AUGUSTIN, ALBERT J.,
Prof. Dr. med., Universitäts-Augenklinik, Mainz

BABISCH, WOLFGANG,
Dr.-Ing., Institut für Wasser-, Boden- und Lufthygiene des Umweltbundesamtes, Berlin

BECKER, NIKOLAUS,
PD, Dr., Abteilung Epidemiologie, Deutsches Krebsforschungszentrum, Heidelberg

BEHRENDT, WINFRIED,
Dr. med., Praktischer Arzt, Peine

BERNHARDT, JÜRGEN H.,
Prof. Dr. rer. nat. Dr. med. habil., Leiter der Abteilung Medizinische Strahlenhygiene, Bundesamt für Strahlenschutz, Oberschleißheim

BEYER, ANDREAS,
Dr. med., Leiter des Gesundheitsamtes und der umweltmedizinischen Ambulanz Berlin-Steglitz

BIESALSKI, HANS KONRAD,
Prof. Dr. med., Institut für Biologische Chemie und Ernährungswissenschaft, Universität Hohenheim, Stuttgart

BIRKE, REINHOLD,
Dr. med., Forschungszentrum Borstel, Med. Klinik, Borstel

BISCHOF, WOLFGANG,
Priv.-Doz. Dr. med. Dr.-Ing., Arbeitsgruppe Raumklimatologie, Institut für Arbeits-, Sozial- und Umweltmedizin, Klinikum der Friedrich-Schiller-Universität, Jena

BRAUN, PETER,
ALAB-Analyse Labor in Berlin GmbH, Berlin

BULLINGER, MONIKA,
Prof. Dr., Abt. Medizinische Psychologie, Universitätskrankenhaus Eppendorf, Hamburg

BUNGE, THOMAS,
Prof. Dr. jur., Umweltbundesamt, Berlin

BUTTE, WERNER,
Prof. Dr., Fachbereich Chemie der Universität Oldenburg

CLEMENS, WOLFGANG,
Dr. sc. med., Dozent für Hygiene, Berlin

CREMER, RUTH,
ALAB-Analyse Labor in Berlin GmbH, Berlin

DREBING, VERENA,
Dr., Redakteurin, Walluf

DREBING, STEFANIE,
DIPL.-BIOL., BAD. SCHWALBACH

EGLSEER, GABRIELE,
Dr. med., Rheuma- und Rehabilitationsklinik Zurzach, Schweiz

EIKMANN, THOMAS,
Prof. Dr., Direktor des Instituts für Hygiene und Umweltmedizin, Klinikum der Justus-Liebig-Universität, Giessen

Eife, Rudolf,
Prof. Dr. med., Pädiatrische Nephrologie, Universitäts-Kinderklinik, München

Eis, Dieter,
Dr. med., Leiter des Fachgebiets Umweltmedizin am Robert Koch-Institut, Berlin

Engelhart, Steffen,
Prof. Dr. med., Hygiene-Institut der Universität Bonn

Englert, Norbert,
Dr. med., Institut für Wasser-, Boden- und Lufthygiene des Umweltbundesamtes, Berlin

Erdinger, Lothar,
Dr. rer. nat., Abteilung Hygiene und Medizinische Mikrobiologie, Hygiene-Institut der Universität Heidelberg

Ewers, Ulrich,
Prof. Dr., Institut für Umwelthygiene und Umweltmedizin des Hygiene-Instituts des Ruhrgebiets, Gelsenkirchen

Exner, Martin,
Prof. Dr. med., Hygiene-Institut der Universität Bonn

Fegeler, Ulrich,
Dr. med., Pädiatrische Praxis, Berlin

Fels, Lüder M.,
Dr. rer. nat., Abteilung für Nephrologie, Zentrum für Innere Medizin, Medizinische Hochschule Hannover und Arbeitsgruppe »Molekulare Epidemiologie und In-vitro-Pharmako-Toxikologie«, Bad Oeynhausen

Fender, Helga,
Dipl.-Biol. Dr. rer. nat., Robert Koch-Institut, Berlin

Fischer, Manfred,
Dr., Brentanostr. 42, Berlin-Steglitz

Frank, Wolfgang,
Dr. med., Chefarzt der Fachklinik für Pneumologie, Johanniter-Krankenhaus Im Fläming Gem. GmbH, Treuenbrietzen

Frase, Werner,
Dr. med., Facharzt für Allgemeinmedizin und Naturheilverfahren, Baden-Baden

Fromme, Hermann,
Priv.-Doz. Dr. med., Bayerisches Landesamt für Gesundheit und Lebensmittelsicherheit, Oberschleißheim

Gieler, Uwe,
Zentrum für Psychosomatik und Hessisches Zentrum für Klinische Umweltmedizin, Klinikum der Justus-Liebig-Universität Giessen

Gleditsch, Jochen,
Dr. med., Lehrbeauftragter der LMU München, HNO-Arzt, München

Grams, Herbert,
Dipl.-Biol., Fachgebiet Umweltmedizin, Robert Koch-Institut, Berlin

Gratza, Thomas,
Dipl.-Chemiker, Leiter des Umweltlabors der Stadt Augsburg

Gross, Rudolf,
Prof. Dr. med., Dr. h.c., ehem. Direktor der Medizinischen Universitätsklinik Köln

Hänsch, Gertrud M.,
Prof. Dr., Institut für Immunologie, Universität Heidelberg

Hanf, Volker,
PD Dr. med., Universitäts-Frauenklinik Ulm

Hauffe, Hans-Karl,
Prof. Dr., Fachbereich Landespflege, Fachhochschule Nürtingen

HAUSOTTER, WOLFGANG,
Dr. med., Facharzt für Neurologie, Psychiatrie-Sozialmedizin-Rahabilitationswesen-Umweltme-dizin, Sonthofen/Allgäu

HEESE, ANGELIKA,
PD Dr., Klinik für Dermatologie und Allergologie, Klinikum Bayreuth

HEINRICH, JÜRGEN,
Dr. med., Medizinaldirektor, Zentrale Ärztliche Gutachterstelle LVA Unterfranken, Würzburg

HEINZOW, BIRGER,
Dr. med., Abteilung für Umwelttoxikologie, Landesamt für Natur und Umwelt des Landes Schleswig-Holstein, Flintbek

HELLMANN, ANDREAS,
Dr. med., Internist, Lungen- und Bronchialheilkunde, Praxis Augsburg

HELLWIG, ALFRED,
Dr. rer. nat. habil., Ministerialdirigent, Ministerium für Umwelt- und Naturschutz des Landes Sachsen-Anhalt, Magdeburg

HENSEN, DANIELA,
cand. Biol., Bonn

HERBATH, OLF,
Prof. Dr. rer. nat. habil., Sektionsleiter Expositionsforschung und Epidemiologie, Umweltforschungszentrum Leipzig/Halle GmbH, Leipzig

HERBST, MATTHIAS,
Dr. med., Hautarzt, Allergologie, Darmstadt

HERR, CAROLINE,
Dr. med., Institut für Hygiene und Umweltmedizin, Klinikum der Justus-Liebig-Universität, Giessen

HEUDORF, URSEL,
Dr. med., Medizinaldirektorin, Abteilung Umweltmedizin, Stadtgesundheitsamt Frankfurt

HOPPE, BRIGITTE,
Dr. med., Abteilung Gesundheit und Umweltschutz, Gesundheitsamt des Bezirksamts Reinickendorf Berlin

HORN, KARLWILHELM,
Prof. em. Dr. med. habil., ehem. Direktor des vorm. Instituts für Allgemeine und Kommunale Hygiene der Humboldt-Universität, Berlin

HOTT, UWE,
Dipl.-Ing., Berlin

JENDRITZKY, GERD,
Dr., Geschäftsfeld Medizin-Meteorologie, Deutscher Wetterdienst, Freiburg

KABESCH, MICHAEL,
Dr., Dr. von Haunersches Kinderspital, München

KAISER, UWE,
Dr. med., Administrator UmInfo (Umweltmedizinisches Informationsforum), Robert Koch-Institut, Berlin

KAPPOS, ANDREAS D.,
Prof. Dr. med. Dr., Hamburg

KERSTEN, WERNER,
Dr. med., Institut für Umwelt- und Arbeitsmedizin, Moers

KLEIN, REINHILD
Prof. Dr. med, Medizinische Klinik II, Tübingen

KÖHLER, ANTJE,
Dipl.-Biol., Institut für Umweltanalytik und Humantoxikologie (ITox), Berlin

KÖHNLEIN, WOLFGANG,
Prof. Dr. rer. nat., geschäftsführender Direktor des Instituts für Strahlenbiologie der Westfälischen Wilhelms-Universität, Münster

Konietzka, Rainer,
Dipl.-Biol., Fachgebiet »Umwelthygiene und Umweltmedizin, gesundheitliche Bewertung«, Umweltbundesamt, Berlin

Köppel, Claus,
PD Dr. med., Dr. rer. nat., Chefarzt, Klinik für Geriatrie, Max-Bürger-Hospital, Berlin

Körner, Wolfgang,
Dr. rer. nat. Dipl. Chem., Institut für Organische Chemie, Universität Tübingen

Koss, Günter,
Prof. Dr., Behörde für Arbeit, Gesundheit und Soziales, Referat für Toxikologische Bewertungen, Hamburg

Kramer, Michael,
PD, Dr., Institut für Immunologie, Universität Heidelberg

Krätke, Renate,
Dr., Bundesinstitut für Risikobewertung, Berlin

Kröling, Peter,
Prof. Dr. med., Institut für Med. Balneologie und Klimatologie der Universität München

Kroidl, Rolf F.,
Pneumologisch-allergologische Praxis, Stade

Kruse, Hermann,
Dr. rer. nat., Institut für experimentelle Toxikologie, Universität Kiel

Küchenhoff, Joachim,
Prof. Dr. med., Abteilung für Psychotherapie und Psychohygiene der Psychiatrischen Universitätsklinik Basel

Laschewski, Gudrun,
Dr., Deutscher Wetterdient, Human Biometeorology, Freiburg

Lattmann, Eckart,
Dr. med., homöopathische Praxis, Betzendorf

Lichtnecker, Herbert,
Dr. med. Dipl. Chem., Leiter des Instituts für Klinische Umweltmedizin der Universität Witten-Herdecke, Witten

Link, Bernhard,
Dr. rer. nat., stellv. Referatsleiter »Umwelthygiene, Umweltmedizin, Toxikologie«,
Min. für Arbeit, Gesundheit und Sozialordnung Baden-Württemberg, Stuttgart

Loddenkemper, Robert,
Prof. Dr. med., Chefarzt der Pneumologischen Abteilung II der Lungenklinik Heckeshorn, Berlin

Maas, Christoph,
Dr. med., Abteilung Allgemeine und Umwelthygiene, Hygiene-Institut der Universität Tübingen

Marchl, Dieter,
ALAB-Analyse Labor in Berlin GmbH, Berlin

Meinhold, Matthias,
Dr. med., Dipl.-Physiker, homöopathische Praxis, Nürnberg

Meis, Markus,
Dr. rer. biol. hum. Dipl.-Psych.,
Institut zur Erforschung von Mensch-Umwelt-Beziehungen, Universität Oldenburg

Mensing, Thomas,
Dr. rer. nat., Berufsgenossenschaftliches Forschungsinstitut für Arbeitsmedizin, Bürkle-de-la-Camp-Platz 1, 44789 Bochum

Mersch-Sundermann, Volker,
Prof. Dr. med., Hochschuldozent für Umwelthygiene der Universität Heidelberg am Klinikum Mannheim

Mohr, Siegfried,
Priv. Doz. Dr. rer. nat., Abteilung Umwelttoxikologie/Fachtechnische Dienste, Landesamt für Natur und Umwelt des Landes Schleswig-Holstein, Flintbek

MORISKE, HEINZ-JÖRN,
Dr. -Ing., Wiss. Oberrat, Institut für Wasser-, Boden- und Lufthygiene, Umweltbundesamt Berlin

VON MÜHLENDAHL, KARL ERNST,
Prof. Dr. med., Dokumentations- und Informationsstelle für Umweltfragen (DISU) der Akademie für Kinderheilkunde und Jugendmedizin e.V., Osnabrück

MÜLLER, LUDWIG,
PD Dr. rer. nat., Referat Gesundheitlicher Verbraucherschutz, Umweltmedizin, Seuchenverhütung und Gentechnik, Senator für Arbeit, Frauen, Gesundheit, Jugend und Soziales, Bremen

VON MUTIUS, ERIKA,
PD Dr., von Haunersches Kinderspital, München

NEISEL, FRIEDERIKE,
Dr. med., Landesgesundheitsamt, Hannover

NENNECKE, ALICE,
Dr. med., Behörde für Umwelt und Gesundheit, Amt für Gesundheit und Verbraucherschutz, Hamburg

NEUBAUER, ANDREAS,
PD Dr. med., Abteilung für Innere Medizin und Poliklinik mit Schwerpunkt Hämatologie und Onkologie, Universitätsklinikum Rudolf Virchow

NEUHANN, HERIBERT FLORIAN,
Dr. med., Kilimanjaro Christian Medical Centre, Moshi, Tanzania

NUSSBAUM, RUDI H.,
Prof. Dr., Physics Department Portland State University, Portland, OR, USA

OBELOER, MICHAEL,
Dipl.-Ing., biomess GmbH, Korschenbroich

OHNSORGE, PETER,
Dr. med., HNO-Praxis, Würzburg

OSTENDORF, GERD-MARKO,
Dr., Ärztlicher Direktor R+V Versicherungen, Wiesbaden

OSTER, OSKAR,
Prof. Dr. rer. nat. Dr. med., Kinderklinik, Universitätsklinikum Schleswig-Holstein, Kiel

OTTO, MATTHIAS,
Dokumentations- und Informationsstelle für Umweltfragen, Osnabrück

PETERS, KLAUS-PETER,
Dr. med, Klinik für Dermatologie und Allergologie, Klinikum Bayreuth

PETZOLD, GUDRUN,
Dipl.-Biol., Abteilung Umwelttoxikologie, Landesamt für Natur und Umwelt des Landes Schleswig-Holstein, Flintbek

PLEISCHL, STEFAN,
Dipl. Biol., Sachgebiet Technische Hygiene, Hygiene-Institut der Universität Bonn

PILOTY, MARKUS,
Dr., Institut für Umweltanalytik und Humantoxikologie, Berlin

PLATZEK, THOMAS,
PD Dr., Bundesinstitut für gesundheitlichen Verbraucherschutz und Veterinärmedizin, Berlin

PLIENINGER, PETER,
Berlin

REITZIG, MARKUS,
Dipl.-Chem., Abteilung Umwelttoxikologie/ Fachtechnische Dienste, Landesamt für Natur und Umwelt des Landes Schleswig-Holstein, Flintbek

RETTENMEIER, ALBERT W.,
Prof. Dr., Institut für Hygiene und Umweltmedizin, Essen

RING, JOHANNES,
Prof. Dr. med., Dr. phil., Direktor der Dermatologischen Klinik und Poliklinik der TU München

RÖBEN, RALF,
Dr. rer. nat., Berlin
RÜCK, FRIEDRICH,
Prof. Dr., Fachgebiet »Übergreifende Angelegenheiten,Bodenökologie, Bodenqualität«, Umweltbundesamt, Berlin

RÜDEN, HENNING,
Prof. Dr. med., Institut für Hygiene und Umweltmedizin, Freie Universität Berlin, Berlin

SAGUNSKI, HELMUT,
Dr. rer. nat., Arzt, Dipl.-Chem., Toxikologische Supervision der Umweltmedizinischen Beratungsstelle, Referat Toxikologische Bewertungen, Behörde für Arbeit, Gesundheit und Soziales, Hamburg

SCHAEFER, CHRISTOF,
Dr. med., Landesberatungsstelle für Vergiftungserscheinungen und Embryonaltoxikologie, Berlin

SCHATA, MARTIN,
Dr. med., Facharzt für Allergologie und Umweltmedizin, Düsseldorf

SCHIMMELPFENNIG, WOLFGANG,
Prof. Dr. med., Umweltbundesamt, Berlin

SCHLEIBINGER, HANS,
Dr.-Ing., Institut für Hygiene und Umweltmedizin, Freie Universität Berlin, Berlin

SCHLEUSENER, ANNEROSE,
Dr. med., Ilsensteinweg, Berlin

SCHNUCH, AXEL,
Dr. med., Oberarzt, Informationsverbund Dermatologischer Kliniken zur Erfassung der Kontaktallergie (IVDK), Universitätshautklinik, Göttingen

SCHRENK, DIETER,
Prof. Dr. med. Dr. rer. nat., Institut für Lebensmittelchemie und Umwelttoxikologie der Universität Kaiserslautern

SCHWEINSBERG, FRITZ,
Prof. Dr., Chemisches Labor, Abteilung Allgemeine- und Umwelthygiene, Hygiene-Institut der Universität Tübingen

SCHWEISFURTH, HANS,
Prof. Dr. med., Chefarzt, Karl-Thieme-Klinik, Cottbus

SCHWEIZER, ERNST,
Chemisches Labor, Abteilung allgemeine und Umwelthygiene, Hygiene-Institut der Universität Tübingen

SCHWENK, MICHAEL,
Prof. Dr., Abteilung umweltbezogener Gesundheitsschutz, Umwelthygiene und Toxikologie, Landesgesundheitsamt Baden-Württemberg, Stuttgart

SEIFERT, BERND,
Dr., Umweltbundesamt, Berlin

SPRANGER, JÜRGEN,
Prof. Dr. med., Direktor der Universitätskinderklinik Mainz

STAEHLE, HANS JÖRG,
Prof. Dr. med. Dr. med. dent., Ärztlicher Direktor der Poliklinik für Zahnerhaltungskunde der Universität Heidelberg

STALLMACH, ANDREAS,
PD Dr. med., Oberarzt, Med. Uniklinik und Poliklinik des Saarlandes, Homburg

STEINHEIDER, BRIGITTE,
Dr., Institut für Arbeitswissenschaft und Technologiemanagement, Universität Stuttgart

STÖLZEL, ULRICH,
Dr. med., Oberarzt, Abteilung für Innere Medizin mit Schwerpunkt für Gastroenterologie der Med. Klinik und Poliklinik des Universitätsklinikums Steglitz, FU Berlin

Tedsen-Ufer, Frauke,
Dr. med., Umweltmedizinische Beratungsstelle im Gesundheitsamt Berlin-Charlottenburg, Berlin

Teufel, Manfred,
Prof. Dr. med., Chefarzt der Kinderklinik des Akademischen Lehrkrankenhauses der Universität Tübingen, Kreiskrankenhaus Böblingen

Volkens, Bettina,
Dr. jur., Unabhängige Sachverständigenkommission zum Umweltgesetzbuch beim Bundesminister für Umwelt, Naturschutz und Reaktorsicherheit, Berlin

Wichmann, Axel,
Baubiologie und Umweltanalytik, Berlin

Wiesmüller, Gerhard, Andreas,
Dr. med., Institut für Hygiene und Umweltmedizin des Universitätsklinikums Aachen, Aachen

Wildeboer, Barbara,
Dr. rer. nat., Referat Toxikologische Bewertungen, Behörde für Arbeit, Gesundheit und Soziales, Hamburg

Wingken-Böhres, Andrea,
Dr. med., Universitäts-Augenklinik, Mainz

Wilhelm, Michael,
Prof. Dr. med., Dipl.-Biol., Institut für Hygiene, Sozial- und Umweltmedizin, Ruhr-Universität, Bochum

Wins, Eveline,
Dr. med., Institut für Hygiene, Heinrich-Heine-Universität, Düsseldorf

Wuthe, Jürgen,
Dr. med., Referatsleiter »Umwelthygiene, Umweltmedizin, Toxikologie«, Min. für Arbeit, Gesundheit und Sozialordnung Baden-Württemberg, Stuttgart

Zeitz, Martin,
Prof. Dr. med., Direktor der Medizinischen Klinik und Poliklinik der Universität des Saarlandes, Homburg

An der Entwicklung dieses Werks waren ferner beteiligt:
Dr. med. Th. Böker, Bonn
Prof. Dr. Ing. Ising, Berlin
Dipl. Biol. W. Paukstadt
Dr. med. Ekkehard Rebentisch, Berlin
Dr. med. B. Kouros

Sektion 04, Umweltmedizinische Untersuchung und Diagnostik

04.09 Anleitung zur Untersuchung von chemischen Schadstoffen in Innenräumen

von P. Plieninger, P. Braun, R. Cremer, D. Marchl und A. Wichmann
(Stand: August '04)

– Weitere Beiträge in Vorbereitung –

Anleitung zur Untersuchung von chemischen Schadstoffen in Innenräumen

**Die praktischen Hinweise für die Untersuchung von Schadstoffen in Innenräumen reichen vom ersten Gespräch mit den betroffenen Personen über die Wohnraumbegehung, das Erstellen einer Messstrategie bis zur Probennahme.
Als Hintergrundinformationen werden wichtige Verfahren der Laboranalytik beschrieben. Aspekte der eigenen Qualitätssicherung und die der ausführenden Labore bilden den Abschluss des Kapitels.**

Stichworte: Einleitung. Vorgespräch, Schlüsselfragen, Wohnraumbegehung, Erstellen einer Messstrategie, Produkte und ihre möglichen Emissionen, Arten von Schadstoffquellen, Probennahme für gasförmige, partikelgebundene Schadstoffe und kontaminierte Baustoffe, Probenvorbereitung, Untersuchungsmethoden für Innenraummessungen, Qualitätssicherungsmaßnahmen bei der Probennahme und bei der Laboranalytik. Literatur. Zusammenfassung. Anhang

P. Plieninger, P. Braun, R. Cremer, D. Marchl und A. Wichmann

Einleitung

Wohnräume sind zur Umgebung hin weitgehend abgeschlossene Bereiche, in denen die Menschen einen Großteil ihres Lebens verbringen. Ebenso wie die Kleidung den Menschen schützt und zu seinem Wohlbefinden beiträgt, trifft dies auch für seine Wohn- und Aufenthaltsräume zu. Nicht umsonst wurde die Wohnung auch schon als »dritte Haut« bezeichnet [1]. Treten in diesen Räumen Veränderungen auf, wie zum Beispiel unbekannte Gerüche, deren Herkunft und Wirkung nicht eingeschätzt werden können, stellt sich bei den Bewohnern oder Nutzern schnell ein Gefühl der Verunsicherung, manchmal sogar der Bedrohung ein.

Viele Gutachterinnen und Gutachter kommen immer wieder in Situationen, in denen es Konflikte zwischen Vermietern, Gesundheitsbehörden und Bewohnern,

Dieser Beitrag zeigt Ihnen:

- welche Quellen zu einer relevanten Belastung der Innenräume mit Schadstoffen führen;
- wie eine effiziente Messstrategie erstellt wird;
- wie und welche Daten erhoben und dokumentiert werden.

manchmal auch unter den Bewohnern selbst, gibt.

Vor diesem Hintergrund ist es nicht übertrieben, von Personen, die innenraumhygienische Begutachtungen und Messungen vornehmen, entsprechendes fachliches Wissen und Erfahrung in sehr unterschiedlichen Bereichen vorauszusetzen. Die Qualifikation sollte sich nicht nur auf rein naturwissenschaftlich-technisches Wissen beschränken, wie Kenntnisse über Baustoffe, Baukonstruktion und Bauphysik, über die Kenntnis der Untersuchungsverfahren, bis hin zu Grundkenntnissen in der Toxikologie von Innenraumschadstoffen, sondern sollte auch Einfühlungsvermögen und soziale Kompetenz umfassen.

Die langjährigen Erfahrungen, die für die Arbeiten nötig sind, haben zum Beispiel die Arbeitsgemeinschaft Ökologischer Forschungsinstitute (AGÖF) dazu gebracht, von jedem der von ihr zertifizierten Institute eine dreijährige Einarbeitung des Personals für die eigenständige innenraumhygienischen Begutachtung von Räumen zu verlangen.

Das vorliegende Kapitel möchte Hilfestellungen für alle diejenigen geben, die mit der Untersuchung von Schadstoffen in Innenräumen konfrontiert werden, analytisch chemische Untersuchungen aber in der Regel nicht selbst durchführen.

Es konzentriert sich deshalb auf die Phase der Vorklärung bis hin zum Erstellen einer Messstrategie und der Probennahme.

Kenntnisse der Vielfalt von Schadstoffen und ihrer möglichen Quellen sind ein wichtiger Hintergrund für die Erstellung einer optimalen Probennahmestrategie.

Die methodischen Abschnitte über die Untersuchungsverfahren dienen der besseren Kommunikation zwischen dem Probennehmer und dem Untersuchungslabor.

Die Beschreibung von Qualitätssicherungsmaßnahmen in chemisch-analytischen Laboratorien soll Hilfestellungen geben, die es einem Außenstehenden erlauben, die Qualität eines Labors beurteilen zu können.

Telefonische Vorklärung

In der Regel erfolgt der erste Kontakt mit den Bewohnern oder Nutzern der betroffenen Räume fernmündlich. Die Beschreibung der Situation ist meistens unklar. Es werden diffuse Beschwerden und Befindlichkeitsstörungen von einer oder von mehreren Personen an Orten geschildert, die der Gutachter oder die Gutachterin nicht kennt. Gerüche werden beschrieben, oder scheinbar klare Zusammenhänge geschildert, aus denen sich jedoch meist nicht sofort die Ursache des Problems erschließt und die sich im Nachhinein nicht immer als zutreffend erweisen.

In dieser oft verworrenen Anfangssituation sollte möglichst schnell durch eine klar strukturierte Vorgehensweise ein Konzept entworfen werden, das Ziel gerichtet die Probleme erfasst und Strategien entwickelt sie zu beseitigen.

Viele Anrufer haben schon einen langen »Leidensweg« hinter sich, bis sie einen kompetenten Ansprechpartner gefunden haben. Die Betroffenen sollten zunächst einmal die Gelegenheit haben, ihre Probleme frei zu äußern, bevor mit Nachfragen eingegriffen wird. Diese freie Dialogphase, in der auch unwahrscheinliche Beobachtungen und Thesen ernst genommen werden sollten, ist wichtig für den Aufbau eines gewissen Vertrauensverhältnisses. Manchmal ist es erforderlich diese Phase zeitlich zu begrenzen, was nicht ganz einfach sein kann. Geben Sie zu bedenken, dass sie auch noch für andere Kunden erreichbar sein müssen.

In der zweiten Gesprächsphase sollte durch gezielte Fragen nach Art und Auftreten der möglichen Belastungen das Problem eingegrenzt werden.

Eingrenzung des Problems: Schlüsselfragen

Die nachfolgend aufgeführten Fragen sind nur Vorschläge für eine Gesprächsführung. Im Gegensatz zum Fragebogen der Wohnraumbegehung müssen sie nicht alle abgefragt werden, wenn sich der Sachverhalt schon im Vorgespräch als eindeutig erweist. Mögliche Fragen sollten folgende Themenbereiche abdecken:

⇨ Thema Beschwerden
- Art der Beschwerden
- Sind Sie in ärztlicher Behandlung?
- Seit wann treten Beschwerden auf? Ist der Zeitpunkt mit irgendwelchen Veränderungen in der Wohnung, des Wohnumfelds oder des Arbeitsplatzes in Verbindung zu bringen?
- Wie häufig treten Beschwerden auf? Gibt es einen zeitlichen Rhythmus?
- Sind die Beschwerden tendenziell zu- oder abnehmend?
- Spüren Sie Veränderungen bei längerer Abwesenheit von der Wohnung?
- Treten die Beschwerden nur in bestimmten Räumen der Wohnung auf?
- Sind die Beschwerden bei allen Bewohnern oder nur bei einzelnen Personen vorhanden?

⇨ Thema Gerüche / Auffälligkeiten
- Versuchen Sie die Gerüche zu beschreiben.
- Sind die Gerüche dauerhaft oder schwankend? Sind sie abhängig von der Wetterlage?
- Sind die Gerüche örtlich begrenzt oder überall gleichmäßig?

⇨ Thema Wohnung
- Fragen nach dem Wohnumfeld
- Fragen nach der Art des Bauwerkes, Baujahr, Lage, Sanierungen/Umbauten, Renovierungen, Heizungsart, Tiefgarage, Raumlufttechnische Anlagen.

- Traten Bauschäden oder Wasserschäden auf?

⇨ Thema Einrichtung
- Fragen nach Fußbodenbelägen (verklebt/verlegt, lackiert), nach Möbeln oder Einrichtungsgegenständen als mögliche Emittenten.

⇨ Thema Nutzerverhalten
- Fragen sollten das Verhalten der Raumnutzer wie Rauchen, Einsatz von Putzmitteln und anderen Chemikalien, Lüften, Schädlingsbekämpfung, Haltung von Haustieren oder Art des Heizens umfassen.

Weitere detailliertere Erhebungen finden später vor Ort anhand eines ausführlichen Fragebogens statt.

Da nach der fernmündlichen Vorklärungsphase in vielen Fällen noch Fragen offen sind, ist es angeraten, einen Begehungstermin mit den Bewohnern oder Nutzern in den betroffenen Räumen zu vereinbaren.

Dokumentation des telefonischen Erstkontakts

Die wichtigsten Daten und Informationen aus dem telefonischen Erstkontakt sollten stichwortartig schriftlich festgehalten werden. Sollte aus diesem Kontakt eine Wohnungsbegehung oder Schadstoffmessung folgen, sind sie wichtige Grundinformationen, auf die eine Begehung und Befragung oder Messstrategie aufbauen.

Bei Privatkunden ist es oft finanziell nicht möglich, für eine Wohnungsbegehung und für Schadstoffmessungen jeweils getrennte Termine zu vereinbaren. Deshalb müssen die Informationen aus dem Erstkontakt möglichst so ausführlich und differenziert sein, dass daraus eine Messstrategie für erste orientierende Messungen aufgebaut werden kann. Sind die Informationen zu vage, um daraus eine konkrete Vorgehensweise abzuleiten, kann die Entscheidung zu einer Messung erst vor Ort getroffen werden, wenn aufgrund der Inaugenscheinnahme der Wohnung eine Schadstoffmessung sinnvoll erscheint. Dies bedeutet, dass sich die Person, die die Begehung vornimmt, schon auf mögliche Probennahmen für orientierende Messungen vorbereiten muss.

Wichtige Informationen für die Anrufer

Je nach Inhalt des fernmündlichen Erstkontaktes können sich folgende Situationen ergeben:

⇨ *Möglichkeit 1:* Es bleibt beim telefonischen Kontakt. Es werden nur mündliche Vorschläge zum Beispiel für ein verändertes Lüftungsverhalten oder Ähnliches gegeben. Häufig kann mit der Weitergabe von Informationsmaterial oder von Adressen von Umweltberatungsstellen oder Umweltmedizinern geholfen werden.

⇨ *Möglichkeit 2:* Die Probleme scheinen klar zu sein. Wenn auf eine Begehung verzichtet wird und die Probennahme von den Betroffenen selbst durchgeführt wird (zum Beispiel mittels Passivsammler, Hausstaub- oder Materialuntersuchungen) müssen ihnen detaillierte Anwendungshinweise für die Durchführung der Probennahme, die Art der Verpackung und die Verschickung der Proben an die Hand gegeben werden. Den Kunden müssen die Kosten einer eventuellen Messung bekannt gemacht werden. Am besten bestätigen sie den Auftrag für die Messungen und das Gutachten dem Auftragnehmer mit ihrer Unterschrift.

⇨ *Möglichkeit 3*: Die Ursachen der Befindlichkeitsstörungen bleiben auch nach dem ersten Kontakt ungewiss. Es wird ein Termin für eine Wohnraumbegehung vereinbart. Auch wenn eine Probennahme auf Schadstoffe noch nicht sicher ist, sollten die Räume 8 bis 10 Stunden vorher nicht gelüftet und in den Räumen mindes-tens solange nicht mehr geraucht worden sein.

⇨ *Möglichkeit 4*: Auch nach einer Begehung ist die Ursache von Beschwerden unklar. In diesem Fall sollten orientierende Messungen in den Berei-chen vorgenommen werden, die am wahrscheinlichsten für die Beschwerden verantwortlich sind. So genannte »Screening«-Messungen, die eine große Vielfalt an Stoffen und Stoffgruppen erfassen sind in dieser Situation am geeignetsten.

Begehung der Räume

Für eine Ortsbegehung lässt sich kein strenger Ablaufplan erstellen.

Wenn es sich um geruchliche Auffälligkeiten handelt, ist der Geruchseindruck, der beim Betreten des Raumes wahrgenommen wird, entscheidend. Da sich die Geruchswahrnehmung schnell adaptiert und der Geruch dann nicht mehr wahrgenommen wird, muss man die Nase eventuell eine Weile an der frischen Luft regenerieren, um dann die Geruchsprüfung wiederholen zu können.

Bei der Begehung sollten möglichst alle Wohn- und Nutzräume eines Gebäudes oder einer Wohnung inspiziert und anhand des Fragebogens alle Ausstattungsmerkmale und Einrichtungsgegenstände protokolliert werden. Die Konzentration auf »verdächtige« Gegenstände oder Materialien birgt die Gefahr, relevante Einflussfaktoren zu übersehen, oder Messergebnisse falsch zu interpretieren.

Zusatzinformationen tragen oft entscheidend zur Eingrenzung des Problems bei.

Versuchen Sie deshalb Informationen über den konstruktiven Aufbau des Gebäudes zu erhalten, zum Beispiel:

⇨ Wie sind Wände, Decken und Fußböden aufgebaut?

⇨ Welche Wärmeisolation ist wo eingebracht?

- Schließen Außenfenster und Türen dicht ab, so dass auf einen geringen natürlichen Luftaustausch geschlossen werden kann?
- Gibt es Abluftschächte oder Kanäle, die Schadstoffe eventuell von außen in die Räume eintragen?
- Gibt es Anzeichen für Feuchteschäden? Die Bestimmung der relativen Feuchte der Raumluft liefert hierfür noch keine ausreichenden Hinweise. Während der Heizperiode ist es wichtig, immer die Oberflächentemperaturen von Außenwänden zu messen. Kritische Bereiche, wo mögliche Taupunktunterschreitungen (siehe Textkasten) auftreten können, werden dann besser erkannt oder können vorhergesagt werden. Bei einem falschen konstruktiven Aufbau der Wärmedämmung kann allerdings der Taupunkt auch in der Wand liegen, sodass man einen möglichen Schimmelbefall optisch nicht wahrnehmen kann.

Taupunkt

Der Taupunkt, genauer die Taupunkttemperatur, ist die Temperatur, bei der die Kondensation des Wasserdampfes der Luft beginnt. Die Luft ist bei dieser Temperatur mit Wasserdampf gesättigt (100 % relative Luftfeuchtigkeit).An kalten Oberflächen können zum Beispiel in einem gut geheizten Raum von 23 °C Lufttemperatur und 60 % relativer Luftfeuchte schon Kondensation unter 14,8 °C und damit Feuchteschäden auftreten.

Dokumentation

Eine genaue Dokumentation der Untersuchungsergebnisse und der Vorgehensweise ist unerlässlich. Praktisch hierfür sind Fragebögen oder Begehungsprotokolle

Fragebogen

Vorschläge für Fragebögen zur Wohnraumbegehung und zur Anamnese der Betroffenen existieren in großer Zahl. In Kapitel 11.05 finden Sie Vorschläge für folgende Bereiche:

- Umweltmedizinischer Gesundheitsfragebogen
- Gesundheitsfragebogen zum Wohnbereich
- Gesundheitsfragebogen zur beruflichen Tätigkeit
- Umweltmedizinischer Fragebogen zur Wohnraumbegehung, Vorschläge zum Begehungsprotokoll und zum Messprotokoll.

Auch in der VDI-Richtlinie 4300 Blatt 1 und in umweltmedizinischen Veröffentlichungen finden sich Vorschläge für Fragebögen zur Wohnraumbegehung [2, 3, 4].

Das Ausfüllen eines Fragebogens ist die beste Art der Dokumentation einer Wohnungs- oder Objektbegehung. Der Fragebogen kann vor der Begehung den Betroffenen zugesandt werden. Es hat sich allerdings gezeigt, dass die Raumnutzer oft mit dem Ausfüllen der Fragebögen überfordert sind. Dann ist es sinnvoll, den Fragebogen während der oder im Anschluss an die Begehung gemeinsam auszufüllen. Finden parallel zur Begehung Probennahmen statt, ist in der Regel nach der Begehung oder nach Aufstellen der Pumpen Zeit genug, sich gemeinsam mit dem Fragebogen zu befassen.

Bilddokumentation

Bei Gutachten müssen Photographien notwendiger Bestandteil der Ortsbeschreibung sein. Im nicht gutachterlichen Bereich haben Fotos eher die Funktion einer Gedächtnisstütze. Im Zeitalter der digitalen Photographie sind Fotos zu einem einfachen, billigen und schnellen Mittel der Dokumentation geworden.

Begehungsbericht

Begehungsberichte sind entweder laborinterne Unterlagen, die den Zweck haben, auch nach längerer Zeit den Vorgang zu dokumentieren, oder sie können Inhalt des Auftrages sein. Für Gutachten oder Prüfberichte werden die relevanten Informationen aus der Ortsbegehung üblicherweise in den Bericht eingearbeitet.

Quellen für Schadstoffe in Innenräumen

Schadstoffe können durch Einströmen von verunreinigter Luft aus der Umgebungsluft, aus dem Erdreich oder aus anderen Teilen des Gebäudes in bewohnte Innenräume gelangen. In den meisten Fällen werden Schadstoffe aber durch den Menschen selbst und seine Tätigkeiten, sowie aus Baustoffen, aus Einrichtungsgegenständen und der Ausstattung der Wohnräume in den Innenräumen freigesetzt.

Externe Quellen

Als externe Quellen für Schadstoffe in Wohn-Innenräumen kommen drei Bereiche in Frage: die Außenluft, Schadstoffe aus dem Boden auf dem das Gebäude steht oder Quellen im Haus, die nicht in den Wohnräumen liegen.

Da weder die Gebäudehülle eines Hauses nach außen, noch die Wohnung zum restlichen Gebäude hin dicht abgeschlossen ist, treten immer Luft-Austausch-Prozesse zwischen Außenluft, Bodenluft und nicht bewohnten Gebäudeteilen auf.

Gebäude, in denen raumlufttechnische Anlagen (RLT-Anlagen) vorgeschrieben sind, zum Beispiel in öffentlichen Gebäuden (nach DIN 1946 Teil 1) [5], oder in Niedrigenergiehäusern, in denen wegen des geringen natürlichen Luftwechsels RLT-Anlagen eingesetzt werden, wird Außenluft mehr oder weniger gereinigt direkt in Innenräume transportiert. Hier ist es besonders wichtig, dass die Ansaugöffnungen nicht in der Nähe von Schadstoffquellen, wie etwa dem fließenden oder stehenden Verkehr oder anderen Emittenten, liegen.

Außenluft

Die Außenluft, vor allem in Ballungszentren, wird von einer Vielzahl verschiedenster Emittenten verunreinigt.

Der Einfluss von manchen Schadstoffen in der Außenluft auf die Innenraumluft lässt sich grob durch das Verhältnis der Schadstoffkonzentration in der Innenraumluft zu der Konzentration in der Außenluft (Indoor/Outdoor = I/O) beschreiben [6].

Ein I/O-Verhältnis ≈ 1 heißt, dass die Konzentrationen innen wie außen etwa gleich sind. Es bestehen im Innenraum weder Quellen noch Senken (Oberflächen, die mehr Schadstoffe festhalten, als abgeben) für die Schadstoffe. Dies trifft zum Beispiel für die stabilen Alkankohlenwasserstoffe oder für das Kohlenmonoxid zu, die zu keiner nennenswerten Wechselwirkung mit Oberflächen neigen.

Ist das I/O-Verhältnis < 1 werden die Schadstoffe im Innenraum abgereichert. Dies kann durch Adsorption oder durch Abreaktion an Oberflächen eintreten.

SO_2 und NO_2 werden an basischen Oberflächen wie Putz festgehalten und gebunden, Ozon reagiert mit anderen reaktiven Schadstoffen [7].

Auch bei Schadstoffen aus typischen Immissionen des Straßenverkehrs kann das I/O-Verhältnis <1 werden. In Wohnungen an viel befahrenen Straßen oder Kreuzungen oder in der Nähe von Tankstellen können zum Beispiel die Benzolkonzentrationen in der Außenluft höher als im Innenraum sein [8]. Es konnte gezeigt werden, dass die Tagesschwankungen der Benzolkonzentrationen in der Außenluft sich zeitlich verzögert in abgeschwächter Form in Wohnräumen wieder finden [9].

Für die meisten organischen Schadstoffe gilt allerdings, dass sie in Innenräumen in höherer Konzentration als in der Außenluft vorliegen.

I/O-Verhältnisse >>1 werden vor allem beim CO_2 und beim Radon gefunden.

Da in Kapitel 09.05 Teil 1 und 09.06 Teil 1 bis 7 detailliert auf die Emittenten in der Außenluft eingegangen wird, sollen hier nur die wichtigsten Bereiche genannt werden.

Hausbrand und Kraftwerke emittieren vor allem SO_2, Stickoxide und mit Rückständen der unvollständigen Verbrennung belastete Stäube.

Stehender und fließender Verkehr gibt eine große Anzahl an organischen gasförmigen Emissionen und Ruß in die Umgebungsluft ab.

Industrie und Gewerbe emittieren ebenfalls eine unübersehbare Anzahl von gasförmigen und partikelförmigen Schadstoffen.

Boden

In Kellern von Häusern, die in der Nähe von Deponiestandorten oder sogar auf ehemaligen Deponien errichtet sind, können Gase aus der Bodenluft in die Gebäude eindringen. Bei ehemaligen Hausmülldeponien handelt es sich in der Regel um Methan-CO_2-Gemische, die sogar explosionsfähig sein können [10].

Bei Boden- oder Grundwasserkontaminationen mit anderen flüchtigen Verbindungen, zum Beispiel mit Chlorkohlenwasserstoffen, können diese in die Keller und somit in die Wohnhäuser eindringen.

In Gegenden mit natürlichen uranhaltigen Mineralien entsteht im Boden durch radioaktive Zerfallsprozesse vor allem das instabile Edelgas Radon Rn-222, das mit einer Halbwertszeit von etwa vier Tagen unter Aussendung von α-, β- und γ-Strahlung über mehrere Stufen in das stabile Bleiisotop Pb-226 zerfällt. Radon Rn-222 ist für den Hauptanteil der natürlichen Strahlenbelastung verantwortlich [11]. Es dringt über Undichtigkeiten in Gebäude ein und bildet im Haus ein Konzentrationsgefälle vom Keller bis in die Obergeschosse aus [12, 13].

Auch durch Isolationsmaßnahmen der Außenfundamente mit flüssigen Anstrichmitteln können Schadstoffe, wie etwa das Styrol, in den Kellerbereich eindringen.

Quellen im Haus

Zu den hausinternen Quellen für Schadstoffe, die aber außerhalb bewohnter Räume liegen, zählen in erster Linie Garagen, Hobby- und Heizungskeller. Gewerbe und Dienstleistungen, wie Frisörsalons und Gaststätten, im selben Gebäude wie die betroffene Wohnung, können Schadstoffe innerhalb eines Wohnhauses freisetzen.

Durch manchmal schwer nachvollziehbare Verbindungswege können Schadstoffe auch über größere Entfernungen aus anderen Gebäudeteilen in Wohninnenräume gelangen.

Interne Quellen

Weitaus häufiger, als der Eintag von außen, werden die Schadstoffe in den Räumen selbst durch den Mensch und seine Tätigkeiten, aus der Gebäudesubstanz oder aus Einrichtungsgegenständen der Räume freigesetzt.

Nutzungsbedingte Quellen (der Mensch)

Von den vom Menschen selbst abgegebenen Stoffwechselprodukten spielt für die Innenraumhygiene hauptsächlich das Kohlendioxid eine Rolle. Über die Haut werden erhebliche Mengen Wasserdampf abgegeben. Andere zum Teil sehr geruchsintensive Stoffwechselprodukte oder Produkte von mikrobieller Zersetzung von Stoffwechselprodukten, wie etwa Ammoniak aus Harnstoff oder Buttersäure aus dem Schweiß, spielen in der Regel bei innenraumhygienischen Messungen eine untergeordnete Rolle.

In früherer Zeit war Kohlendioxid Leitsubstanz für die Luftgüte in Innenräumen. Pettenkofer formulierte schon vor etwa 150 Jahren einen Richtwert von 1‰ oder 1.000 ppm (parts per million = 1 Volumenteil auf 1 Million Volumenteile Luft). In der heute gültigen DIN 1946 Teil 2 (1994) wird ein Wert von 1.500 ppm genannt [14]. Üblicherweise in der Außenluft gemessene Konzentrationen liegen je nach Jahreszeit, Ort und Wetterlage zwischen 300 und 400 ppm.

Das Kochen kann in zweierlei Hinsicht Stoffe freisetzen: durch offene Flammen des Herdes und durch das Kochgut. Ein mit Gas betriebener Herd setzt neben Kohlenoxiden und Wasserdampf auch Stickoxide und Formaldehyd frei.

Beim Kochen, vor allem aber beim Braten können eine Vielzahl von organischen Verbindungen gebildet und freigesetzt werden [15]. Es handelt sich vor allem um geruchsintensive Aldehyde wie das Acrolein und das Hexanal. Das mehrfach ungesättigte Triterpen Squalen wird aus pflanzlichen Ölen beim Erhitzen freigesetzt. Es ist in manchen Schwarzstaubwohnungen als Hauptkomponente in Wischproben aufgefallen [16].

Reinigen und Pflegen

Sanitärreiniger enthalten organische und anorganische Säuren, sowie waschaktive Substanzen (Tenside) und Duftstoffe.

Grundreiniger sind in der Regel basisch und enthalten zum Teil organische Lösemittel.

In *Desinfektionsreinigern* bestehen die Wirkstoffe entweder aus anorganischen Peroxiden oder so genannten quartären Ammoniumsalzen. Formaldehyd oder Formaldehydabspalter finden sich nicht mehr häufig in diesen Reinigungsmitteln. Desinfektionsreiniger mit Chlorkresolen (Chlormethylphenolen) zeichnen sich durch einen intensiven charakteristischen Geruch aus.

Zu den *Unterhaltsreinigern* zählen Scheuermittel, Spülmittel und Haushaltsreiniger. Neben waschaktiven Substanzen (Tensiden) enthalten sie vor allem Alkohole und Glykolether und -ester in verschiedenen Mengen.

Glasreiniger enthalten häufig Ammoniak als Fettlöser zusammen mit Alkoholen und Glykolether und -ester in verschiedenen Mengen.

Teppichreiniger sind aufschäumbare Flüssigkeiten, die hauptsächlich aus Tensiden, Lösevermittlern, Schaumregulatoren und Duftstoffen bestehen.

Holz- und *Steinpflegemittel* können hohe Anteile an organischen Lösemitteln enthalten.

Das Gefahrstoff Informationssystem Bauwesen (GISBAU) der Berufsgenossenschaften der Bauwirtschaft hat für viele Produktgruppen einen Produkt-Code entwickelt. Zu diesen Produktgruppen gibt es so genannte Stoffinformationen und Betriebsanweisungen für den Umgang mit den Produkten [17].

Die nachfolgenden Tabellen enthalten den Produkt-Code auch GISCODE genannt (soweit vorhanden), die Produktgruppenbezeichnung und Auszüge aus den jeweiligen Stoffinformationen. Einige Stoffinformationen in Produkten gehen auf andere Literaturquellen zurück, die zitiert werden.

Tabelle 1 im Anhang führt den Produkt-Code und mögliche Inhaltsstoffe in Reinigungsmitteln auf.

Duftstoffe in Wasch- und Reinigungsmitteln

In Putz- und Reinigungsmitteln ist eine große Anzahl an Duftstoffen enthalten. Sie sollen zum einen den »frisch gereinigten Geruchseindruck« von Wäsche oder gereinigten Oberflächen vermitteln, zum anderen dienen diese Stoffe dazu, den zum Teil starken Eigengeruch der Wasch- und Reinigungsmittel zu überdecken.

In Wasch- und Reinigungsmitteln werden in der Regel Bestandteile über 0,2 Gew.% angegeben. Duftstoffe sind in der Empfehlung der Kommission der Europäischen Gemeinschaft über die Kennzeichnung von Wasch- und Reinigungsmitteln aber nicht genannt. Was sich hinter der Bezeichnung »Duftstoff« oder »Parfüm« verbirgt ist weder den zulassenden Stellen (Umweltbundesamt) noch zum Teil den Herstellern selbst bekannt, da sie fertige Duftgemische erwerben.

Eine breit angelegte Studie des staatlichen Bedarfsgegenständeuntersuchungsamtes Lüneburg hat eine große Anzahl an Duftstoffen in 222 verschiedenen Wasch- und Reinigungsmitteln untersucht [18].

Die wichtigsten Ergebnisse sind in Tabelle 2 im Anhang dokumentiert.

Kosmetik

Der Wissenschaftliche Ausschuss der EU-Kommission für kosmetische Mittel und für den Verbraucher bestimmte Non-Food-Erzeugnisse hat sich mit der Problematik der Duftstoff-Allergie bei Verbrauchern beschäftigt [19].

Er kam zu dem Ergebnis, dass 13 Duftstoffe nach dem heutigen Stand des Wissens als Verbraucherallergene bekannt sind, sowie 11 weitere Duftstoffe, die seltener als Allergene wirken. Zu jedem der 24 Stoffe wurde ein Datenblatt erstellt, das im Internet abrufbar ist [19].

In Tabelle 3 sind sie zusammen mit der Bezeichnung nach INSI (Inventory of Ingredients employed in Cosmetic Products) sowie ihren CAS-(Chemical Abstract Service)-Nummern aufgeführt [20].

Zurzeit werden Duftstoffe pauschal als »Parfüm« oder »Parfümöle« im Rahmen der Bestandsliste deklariert. Es ist geplant, diese 24 Stoffe in die Anhänge der europäischen Kosmetik-Richtlinie aufzunehmen, was eine Deklaration dieser Inhaltsstoffe mit Warnhinweis nach sich ziehen würde.

Baustoffe/Bausubstanz

Baustoffe haben in den letzten Jahrzehnten eine zunehmende »Chemisierung« erfahren. Mineralische Baustoffe enthalten zum Beispiel zunehmend Zuschlagstoffe aus organischen Polymeren, sodass man keine klare Trennungslinie mehr

Tabelle 3: Duftstoffe in Parfümölen und Kosmetika [20]		
Duftstoff (übliche Bezeichnung)	**INCI-Bezeichnung**	**CAS-Nr.**
bekannte Verbraucherallergene		
Amylcinnamal	Amyl Cinnamal	122-40-7
Amylcinnamylalkohol	Amylcinnamyl Alcohol	101-85-9
Benzylalkohol	Benzyl Alcohol	100.51-6
Benzylsalicylat	Benzyl Salicylate	118.58- 1
Cinnamylalkohol	Cinnamyl Alcohol	104- 54.1
Cinnamal	Cinnamal	104-55-2
Citral	Citral	5392- 40. 5
Cumarin	Coumarin	91.64.5
Eugenol	Eugenol	97.53-0
Geraniol	Geraniol	106- 24-1
Hydroxycitronellal	Hydroxycitronellal	107-75-5
Hydroxymethylpentylcyclohexen-	Hydroxy- Methylpentyl-	31906.04-4
	carboxaldehyd	
	Cyclohexene-Carbaldehyde	
Isoeugenol	Isoeugenol	97- 54-1
allergische Reaktionen seltener		
Anisylalkohol	p-Anisyl Alcohol	1 05. 13- 5
Benzylbenzoat	Benzyl Benzoate	120-51-4
Benzylcinnamat	Benzyl Cinnamate	103.41.3
Citronellol	Citronellol	106.22-9
Farnesol	Farnesol	4602-84-0
Hexylcinnamaldehyd	Hexylcinnamaldehyde	101-86-0
Lilial	p-tert. Butyl. alpha.	80- 54. 6
Methylhydrocinnamal		
d-Limonen	D. Limonene	5989-27.5
Linalool	Linalool	78.70-6
Methylheptincarbonat	Methyl Heptine- Carbonate	111-12-6
3-Methyl-4- (2.6,6- tri methyl.	Isomethyl- alpha-Ionone	127-51-5
2. cyclohexen-1-yl)-		
3-buten-2. on		

zwischen mineralischen und anderen Baustoffen ziehen kann. Trotz dieser Entwicklung wird in Folgendem an der alten Einteilung festgehalten.

Mineralische Baustoffe

Diverse Zuschlags- und Hilfsstoffe im Beton können vor allem in der Bauphase zu erheblichen Emissionen an Formaldehyd führen. In Exsikkatorversuchen konnte gezeigt werden, dass je nach Art des zugesetzten Fließmittels bis zu 18 mg Formaldehyd pro Kilogramm Zement abgegeben wurde. In Neubauten mit einem Luftwechsel von 1/h kann das zu MAK-Wert-Überschreitungen führen [21].

In den Ostblockländern wurden Betonfertigteile oft in offener Produktion gefertigt. In den Wintermonaten mussten entsprechend Frostschutzmittel dem Beton zugemischt werden. Das in der DDR eingesetzte Frostschutzmittel FS 176 enthielt Harnstoff, Natriumnitrit, und Triethanolamin. Durch chemische Wechselwirkung mit dem Beton werden diese Stoffe umgewandelt, wobei Ammoniak freigesetzt wird [22].

Gipskarton- oder Gipsfaserplatten werden als Material im Innenausbau für Leichtbaukonstruktionen in großer Menge eingesetzt. Gipse werden etwa zur Hälfte aus so genanntem REA-Gips hergestellt. Dieser entsteht bei der Rauchgasentschwefelung von Kraftwerken. Naturgips und REA-Gips sind unbedenkliche Baustoffe, die bei der Nutzung keine Schadstoffe abgeben.

Künstliche Mineralfasern werden aus Glas, Stein, Schlacke oder Aluminiumsilikat (Keramik) und anderen anorganischen Stoffen hergestellt. Sie dienen in erster Linie als Materialien zum Brandschutz, zur Wärmedämmung und zur Schallisolation. Ihr Einsatz erfolgt in Innenräumen in Form von Platten, Matten, Filzen, losen Schüttungen oder Schichtungen an Dächern, Decken, Wänden, Rohr- oder Lüftungsleitungen. Jährlich werden etwa 14 Mio. Tonnen Mineralwolle aus Glas, Stein und Schlacke produziert.

Der Haupteinsatzzweck von künstlichen Mineralfasern ist die Wärmedämmung. Da sie hier einen Marktanteil von 60 % halten (30 % Polystyrol-Hartschäume), kommt ihrer gesundheitlichen Bewertung eine große Bedeutung zu.

Seit Jahren wird auch bei künstlichen Mineralfasern eine krebserzeugende Wirkung, die für Asbest seit langem erwiesen ist, diskutiert. Man weiß nach heutigem Kenntnisstand, dass nicht chemische Inhaltsstoffe von Fasern, sondern die Faser selbst den krebserzeugenden Stoff darstellt. So hängt eine krebserzeugende Wirkung von Fasern, egal welcher Herkunft – anorganischen wie organischen, natürlichen wie künstlichen – von Merkmalen wie ihrer Länge, ihrem Durchmesser und ihrer Beständigkeit ab. Letzteres beschreibt ihre Fähigkeit, in der Lunge über viele Jahre zu haften. Fasern mit einer Länge über 5 µm, einem Durchmesser von kleiner als 3 µm und einem Länge-zu-Durchmesser-Verhältnis von über 3:1 werden nach einer Definition der Weltgesundheitsorganisation als lungengängige (»kritische«) Fasern oder kurz »WHO-Fasern« bezeichnet. Weisen solche Fasern eine gewisse »Biobeständigkeit« auf, das heißt, werden sie über einen bestimmten Zeitraum nicht vom Körper abgebaut, werden sie als krebserzeugend eingestuft.

Die Einstufung der Kanzerogenität glasiger, das heißt amorpher WHO-Fasern aus Glas, Stein, Schlacke und Aluminiumsilikaten (keramische Fasern) wird mit Hilfe des so genannten *Kanzerogenitätsindex (KI)* vorgenommen, der sich aus der

Summe der Massengehalte der Oxide von Bor, Natrium, Magnesium, Kalium, Kalzium und Barium abzüglich des doppelten Massengehaltes von Aluminiumoxid der zu bewertenden Faser ergibt.

Holzwerkstoffe

Formaldehyd-Harnstoff-Harze und Formaldehyd-Phenol-Harze sind noch immer die häufigsten Bindemittel in Holzwerkstoffen. Spanplatten, Mitteldichte Faserplatten (MDF-Platten), Hartfaserplatten, OSB-Platten (von Oriented Strand Board, das heißt Platten aus gerichteten Spänen), Sperrholz, Leimholz sowie Multiplexplatten enthalten verschiedene Anteile an diesen Bindemitteln. Die Höhe der Emission von Formaldehyd aus Holzwerkstoffen unter gleichen Umgebungsbedingungen hängt von der Art und von der Menge des Bindemittels und der Verarbeitung des Materials ab. Offene Schnittkanten und Bohrlöcher sind Austrittspfade des gasförmigen Formaldehyds, Beschichtungen und Umleimer wirken als Diffusionssperren.

Die erwähnten Harze entstehen durch Abspaltung von Wasser aus den Ausgangsstoffen (Kondensation, Kondensationsharze). Durch Umgebungseinflüsse, wie Luftfeuchtigkeit und Temperatur, kann sich die Bildungsreaktion der Harze wieder umkehren. Sie reagieren mit dem Wasserdampf der Luft wieder zu den Ausgangsstoffen Formaldehyd (flüchtig) und Harnstoff beziehungsweise Phenol (schwerflüchtig) zurück. Formaldehydemissionen aus Holzwerkstoffen treten deshalb mit leicht abnehmender Tendenz solange auf, wie Bindemittel im Werkstoff vorhanden ist.

Neben dem Formaldehyd können Terpenkohlenwasserstoffe aus den Harzbestandteilen des Holzes emittiert werden.

Hölzer, vor allem in konstruktiven Bauteilen, sind häufig mit insektiziden oder fungiziden Wirkstoffen gegen Insektenfraß und Pilzbefall behandelt. Diese Behandlungsmittel verdampfen zum Teil über viele Jahre und verteilen sich durch Niederschlag auf Staub und andere Materialien (siehe Bauhilfsstoffe).

Bauhilfsstoffe

Fugendichtstoffe wie etwa Acryldichtungsmassen bestehen aus Polyacrylat-Dispersionen, die durch Verdunsten des Wassers aushärten. Restmengen an monomeren Bestandteilen können freigesetzt werden.

Bei den Silikonkautschuk-Dichtungsmassen gibt es drei verschiedene Systeme, die sauer, neutral oder basisch vernetzend sind:

- ⇨ Sauer: Acetat-System. Die Aushärtung erfolgt durch Aufnahme von Luftfeuchtigkeit unter Freisetzung von Essigsäure.
- ⇨ Neutral: Alkoxy-System. Durch Aufnahme von Luftfeuchtigkeit erfolgt die Aushärtung unter Freisetzung von Methanol und/oder 2-Methoxyethanol (Ethylenglykolmonomethylether).

- ⇨ Neutral: Oxim-System. Bei der Aushärtung mit der Luftfeuchtigkeit wird Butanonoxim freigesetzt.
- ⇨ Basisch: Amin-System. Beim Aushärten können 1-Aminobutan, sec-Butylamin oder Cyclohexylamin freiwerden.

Fugenmassen und *Fliesenkleber* auf Epoxidharzbasis sind in der Regel Zweikomponentensysteme auf des Basis von Bisphenol A/F als Binder sowie einer Reihe von organischen Aminen als Härterkomponente. Außerdem enthalten sie Weichmacher, Füllstoffe sowie Katalysatoren

Weitere Inhaltsstoffe von Fugenmassen und Fliesenklebern finden sich in der Tabelle 4.

Epoxidharze in der Bauwirtschaft werden je nach ihrem Lösemittelgehalt und nach giftigen Einzelkomponenten untergliedert. Tabelle 5 nennt die Produkt-Codes und ihre Inhaltsstoffe. *Nicht mineralische Dämmstoffe* bestehen am häufigsten aus aufgeschäumten Polymeren. Expandiertes Polystyrol (EPS) nimmt die erste Stelle ein. Aus frischem EPS können erhebliche Mengen am Restmonomer Styrol und seinem Begleiter Ethylbenzol freigesetzt werden.

Mit steigender Tendenz werden Dämmstoffe aus natürlichen nachwachsenden Materialien eingesetzt. Cellulosefasern (z. B. aus Holz, Kokos, Flachs, Hanf oder Baumwolle) in Form von Flocken oder Weichfaser-Dämmplatten, sowie Wolle und Kork finden Verwendung. Aus Brandschutzgründen werden den Cellusoseflocken Borsäure und Borsalze zugemischt, ebenso der Wolle, hier aber vor allem zur Abwehr von Insekten. Kork wird üblicherweise in Plattenform angeboten. Je nach Herstellung können von Bindemitteln und vom Kork selbst unangenehm riechende Emissionen ausgehen. Tabelle 6 führt die flüchtigen Komponenten aus nicht mineralischen Dämmstoffen auf.

Holzschutzmittel können vorbeugende oder schädlingsbekämpfende Funktionen haben. GISCODE unterscheidet zwischen wasserlöslichen (HSM-W) und lösemittelhaltigen (HSM-L) Holzschutzmitteln, wobei die lösemittelhaltigen Holzschutzmittel in bekämpfend (B) und vorbeugend (V) untergliedert sind.

Wirkstoffe in wasserlöslichen Holzschutzmitteln können Borsäure und ihre Salze, Fluoride, Chrom- und Kupferverbindungen und quartäre Ammoniumsalze sein. Als Lösungsmittel beziehungsweise Lösungsvermittler enthalten sie zum Teil nicht unerhebliche Mengen an Alkoholen, Glykolen und Glykolethern.

Lösemittelhaltige Holzschutzmittel können als Wirkstoffe ebenfalls Borsäure und ihre Salze, Pyrethroide, Azole und Benzylharnstoffderivate enthalten. Bei den vorbeugenden lösemittelhaltigen Produkten werden Pyrethroide, Azole, Carbamate, Dichlofluanid und Tolylfluanid als Wirkstoffe genannt. Als Lösungsmittel beziehungsweise Lösungsvermittler ent-

Tabelle 4: Mögliche Inhaltsstoffe in weiteren Fugenmassen und Fliesenklebern

Produkt-Code	Produktgruppenbezeichnung	Inhaltsstoffe
–	**Fugenmassen**	
–	Epoxidharz-Fugenfüller	Epoxidharz auf Basis Bisphenol A/F und Epichlorhydrin eventuell modifiziert mit Glycidylethern. Härter enthält überwiegend Polyaminoamide (zum Beispiel Diethyltriamin, Triethylentetramin, Tetraethylenpentamin, Isophorondiamin. Weitere Bestandteile: Weichmacher, Füllstoffe, Katalysatoren
–	Fugenmassen zementhaltig	Lösliches Chromat > 2 ppm
–	Fugenmassen zementhaltig, chromatarm	Lösliches Chromat < 2 ppm
–	**Fliesenkleber**	
–	Dispersionsfliesenkleber, lösemittelfrei	Kunststoffdispersionen (Acrylat-Copolymere), Füll- u. Hilfsstoffe
–	Epoxid Fliesenkleber	Epoxidharz auf Basis Bisphenol A/F und Epichlorhydrin eventuell modifiziert mit Glycidylethern. Härter enthält überwiegend Polyaminoamide (zum Beispiel Diethyltriamin, Triethylentetramin, Tetraethylenpentamin, Isophorondiamin. Weitere Bestandteile: Weichmacher, Füllstoffe, Katalysatoren
–	Fliesenkleber zementhaltig	Lösliches Chromat > 2 ppm
–	Fliesenkleber zementhaltig, chromatarm	Lösliches Chromat < 2 ppm
–	Polyurethan Fliesenkleber	Harzkomponente besteht in der Regel aus Polyolen (mehrfachen Alkoholen), die Härtekomponente aus Präpolymere und Monomeres des Diphenylmethan-4-4′-diisocyanat (MDI)
–	Zweikomponentige Fliesenkleber, zementhaltig, chromatarm, mit Dispersionszusatz	Pulverkomponente aus u.a. Zement, <2 ppm lösl. Chromat, Flüssige Komponente ist eine Kunststoffdispersion

Tabelle 5: Epoxidhaltige Bauprodukte

Produkt -Code	Produktgruppenbezeichnung	Inhaltsstoffe
RE 1	Epoxidharzprodukte, lösemittelfrei	Harz: Reaktionsprodukt aus Epichlorhydrin und Bisphenol A/F, Reaktivverdünner: Glycidylether; Härter: aliphatische und cycloaliphatische Amine, wie Triethylentetramin, Isophorondiamin; Lösemittel Siedepunkt <200°C < 0,5 %
RE 2	Epoxidharzprodukte, lösemittelarm	Wie RE 1 mit bis zu 5% Lösemittel: Aromaten (zum Beispiel Xylole, Ethylbenzol), Alkohole (zum Beispiel Ethanol Isopropanol, 1-Methoxy-2-propanol), Ketone (zum Beispiel Butanon, 4-Methylpentan-2-on)
RE 3	Epoxidharzprodukte, lösemittelhaltig	Wie RE 1 mit mehr als 5 % Lösemittel: Aromaten (zum Beispiel Xylole, Ethylbenzol), Alkohole (zum Beispiel Ethanol Isopropanol, 1-Methoxy-2-propanol), Ketone (zum Beispiel Butanon, 4-Methylpentan-2-on)
RE 4	Epoxidharzprodukte, giftige Einzelkomponente, lösemittelarm	Wie RE 2 zusätzlich giftige Einzelkomponenten, wie zum Beispiel Phenol oder 2,2´-Dimethyl-4,4´-methylenbis-cyclohexylamin
RE 5	Epoxidharzprodukte, giftige Einzelkomponente, lösemittelhaltig	Wie RE 3 zusätzlich giftige Einzelkomponenten, wie zum Beispiel Phenol oder 2,2´-Dimethyl-4,4´-methylenbis-cyclohexylamin
RE 6	Epoxidharzprodukte, giftig, lösemittelarm	Wie RE 2 zusätzlich giftige Komponenten in relevanten Mengen, wie zum Beispiel Phenol oder 2,2´-Dimethyl-4,4´-methylenbis-cyclohexylamin
RE 7	Epoxidharzprodukte, giftig, lösemittelhaltig	Wie RE 3 zusätzlich giftige Komponenten in relevanten Mengen, wie zum Beispiel Phenol oder 2,2´-Dimethyl-4,4´-methylenbis-cyclohexylamin
RE 8	Epoxidharzprodukte, krebserzeugend, lösemittelarm	Wie RE 2 zusätzlich Teer (Benz-a-pyren) und 4,4´-Diaminophenylmethan
RE 9	Epoxidharzprodukte, krebserzeugend, lösemittelhaltig	Wie RE 3 zusätzlich Teer (Benz-a-pyren) und 4,4´-Diaminophenylmethan

Tabelle 6: Mögliche Inhaltsstoffe in nicht mineralischen Dämmstoffen		
Produkt-Code	**Produktbezeichnung**	**Flüchtige Inhaltsstoffe**
–	Expandiertes Polystyrol (EPS)	Styrol–Restmonomer, Ethylbenzol
–	Celluloseflocken	keine
–	Wolle	keine
–	Korkplatten	Furfural, Trichloranisol
–	Ortschaum	Kurzfristig Diisocyanate, seltener Formaldehyd

halten sie zum Teil nicht unerhebliche Mengen an Testbenzinen, Glykolen, Glykolethern und Tensiden. Produktcodes und mögliche Inhaltsstoffe können den Tabellen 7 und 8 im Anhang entnommen werden.

Bauklebstoffe und Vorstriche

Das Gefahrstoff Informationssystem Bauwesen (GISBAU) unterteilt die Klebstoffe und Vorstriche im Baubereich nach Art und Menge der eingesetzten Lösemittel. Dispersionsklebstoffe (D) auf Basis von Wasser enthalten 0 bis 10 % Lösemittel.

Stark lösemittelhaltige Kleber und Vorstriche (S) haben einen Lösemittelanteil von über 10 %. Die Reaktivkleber werden in Epoxid- und Polyurethansysteme unterschiedlichen Lösemittelgehalts unterschieden (siehe Tabelle 9 im Anhang).

Siegellacke für Parkett und andere Holzfußböden

Siegellacke auf Wasserbasis (W) für den Fußbodenbereich werden zunehmend eingesetzt. Sie können bis zu 15 % Lösemittel aufweisen. Die stark lösemittelhaltigen so genannten Grundsiegel (G) enthalten mindestens 25 % und mehr Lösemittel. Ölkunstharzsiegel (KH) enthalten in der Regel Alkydharze, die mit dem Luftsauerstoff oxidativ aushärten. Bei diesen Lacksystemen ist mit einer längerfristigen Emission von höheren Aldehyden, vor allem von Pentanal, Hexanal und Nonanal zu rechnen. Bodensiegel auf Basis von Polyurethanen (DD von Desmophen-Desmodur) sind üblicherweise Zwei-Komponenten-Systeme aus Binder und Härter. Sie sind alle hoch lösemittelhaltig.

Säurehärtende Lacke (SH) werden nur noch selten verwendet. Sie setzen beim Trocknungsvorgang große Mengen an Formaldehyd frei.

Öle und Wachse sind in der Regel durch Lösemittel verdünnt oder angeteigt, um sie besser verarbeiten zu können. GISCODE unterscheidet nach Menge und Art der Lösungsmittel in 10 verschiedene Kategorien (Ö1-Ö10). Tabelle 10 nennt die Produktcodes und die

Tabelle 11: Einteilung der Kohlenwasserstoff-Gruppen nach TRGS 900 [23]

Kohlenwasserstoff-Gruppe	1	2	3	4	5
Gehalt an Aromaten	< 1 %	1-25 %	> 25 %	-	< 1 %
Gehalt an n-Hexan	<5 %	<5 %	-	5 %	<5 %
Gehalt an Cyclo-/Isohexanen	<25 %	<25 %	-	-	>25 %

möglichen Inhaltsstoffe in Siegellacken, Ölen und Wachsen (siehe Anhang).

Die Kohlenwasserstoffgemische der Lösemittel werden bei der GISBAU- Klassifizierung nach den Technischen Regeln für Gefahrstoffe (TRGS 601) [23] in fünf Gruppen eingeteilt:

– Gruppe 1: entaromatisiert
– Gruppe 2: aromatenarm
– Gruppe 3; aromatenreich
– Gruppe 4: n-Hexan-haltig
– Gruppe 5: iso/cyclohexanreich

Zu Gehaltsangaben der Kohlenwasserstoffgruppen siehe Tabelle 11.

Farben und Lacke

Farben und Lacke tragen ein M als ersten Buchstaben des Produkt-Codes. Sie werden in folgende Untergruppen aufgeteilt:

⇨ Dispersionsfarben wasserverdünnbar (DF),
⇨ Lackfarben wasserverdünnbar (LW),
⇨ Lackfarben lösemittelverdünnbar (LL),
⇨ Grundanstrichstoffe farblos (Tiefgrund) (GF),
⇨ Grundanstrichstoffe pigmentiert (GP),
⇨ Klarlacke/Holzlasuren (KH),
⇨ bläuewidrige Anstrichmittel (BA),
⇨ Silikatfarben (SK),
⇨ Silikonharzfarben (SF) und
⇨ Polymerisatharzfarben, lösemittelverdünnbar (PL).

Verdünnungsmittel (VM), Ablauger (AL) und Abbeizer AB) sind auch unter den Farben und Lacken aufgeführt.

In Tabelle 12 sind diese Untergruppen mit ihren Produkt-Codes mit möglichen Inhaltsstoffen aufgelistet (siehe Anhang).

Tapeten

Tapeten aus Papier und Tapetenkleister zeigen nur geringfügige Emissionen. Zweilagige Tapeten können geringe Mengen Formaldehyd aus dem Papierkleber abgeben.

Vinyltapeten können lang anhaltend Weichmacher in die Raumluft abgeben. Die häufigsten Weichmacher sind Phthalsäurediester, zum Beispiel das Diethylhexylphthalat (DEHP).

Feste Fußbodenbeläge

Fest verklebte Fußbodenbeläge können zum Beispiel aus PVC, Kautschuk, Polyolefinen, Kork oder Linoleum bestehen.

Für PVC-Beläge gilt ähnliches wie für Vinyltapeten. Bodenbeläge aus Synthese-

Kautschuk können unangenehm gummiartig riechen. Verantwortlich für den Geruch sind wahrscheinlich Schwefelverbindungen und Nitrosamine. Emissionen aus Belägen aus Polyolefinen (Polypropylen) sind nicht bekannt. Korkfußbodenbeläge haben manchmal einen unangenehm brenzligen Geruch. Er entsteht beim Verbacken der Korkteilchen mit Bindemitteln bei zu hoher Temperatur. Verantwortlich für den Geruch ist wahrscheinlich das Furfural und Verschwelungsprodukte.

Linoleumbeläge werden vor allem aus gemahlenem Kork- und Holzmehl mit Naturharzen und Leinöl hergestellt. Die lange Trocknungszeit macht das Produkt teuer. Nicht vollständig ausgehärtete Linoleumbeläge können höhere Aldehyde wie Hexanal oder Nonanal abgeben. Werden Linoleumfußböden auf Zementestriche verlegt, die noch Baufeuchte enthalten, kann mit dem basischen Untergrund eine Zersetzungsreaktion einsetzen, die ebenfalls Hexanal oder Nonanal aus dem Linoleum freisetzt [24]. Häufig werden Linoleumbeläge oberflächlich mit PVC, Polyacrylaten oder Polyvinylacetaten versiegelt. Von diesen Siegellacken können ebenfalls Emissionen ausgehen.

Ausstattung der Wohnung

Verlegte Fußbodenbeläge

Textile Fußbodenbeläge werden aus einer großen Anzahl von Rohstoffen hergestellt. Vom Obermaterial gehen in den wenigsten Fällen Probleme aus. Die Rückenmaterialien bestehen häufig aus einer aufgeschäumten oder einer nicht aufgeschäumten Beschichtung aus Styrol-Butadien-Latex (Styrene-Butadiene-Rubber SBR). Beide Beschichtungen werden bei der Produktion auf den Teppich aufgebracht und müssen in kurzen Zeiträumen zur festen Rückenbeschichtung abreagieren. Häufig treten unter nicht optimalen Produktions-Bedingungen Nebenreaktionen auf, bei denen sich das äußerst geruchsintensive 2-Phenylcyclohexen und ein Trimeres des Isoprens, das trimere Isobuten, bildet. Sie sind verantwortlich für den typischen Neugeruch von Teppichböden, der oft sehr lange anhalten kann.

Laminatböden haben eine weite Verwendung gefunden. Sie bestehen aus diversen Dekor- und Schutzfolien, die auf Trägermaterialien aus Holzwerkstoffen aufgezogen sind. Diese können Spanplatten, MDF- oder Tischlerplatten sein.

Heimtextilien/Leder

Imprägnierungen und Beschichtungen von Garnen und fertigen Textilien sind je nach Funktion der Produkte sehr vielfältig. Appreturen von Heimtextilien, wie etwa Gardinen oder Bezugsstoffe verleihen den Materialien zum Beispiel flammschützende, schmutz- oder wasserabweisende Eigenschaften. Diese Beschichtungen bestehen aus diversen Polymerfilmen, die flüssig, durch Plasmaverfahren oder mittels Nanotechnologie aufgebracht

Tabelle 13: Mögliche flüchtige Inhaltsstoffe in Heimtextilien und Leder [25]

Produkt-Code	Produktgruppen-bezeichnung	Flüchtige Inhaltsstoffe
–	**Heimtextilien** wie Vorhänge, Dekorstoffe, Bezüge	Restmonomere, Lösemittel, Formaldehyd
–	**Leder** in Bezügen, Schuhen, Taschen, Koffern	Verzweigte und unverzweigte Alkane C_4-C_{20}, Aromaten (zum Beispiel Toluol, Ethylbenzol, Xylole, Alkylbenzole C_3-C_{16}, Gesättigte, einfach und mehrfach ungesättigte Aldehyde C_1-C_{12} Ketone (zum Beispiel Aceton, Methylethylketon, Cyclohexanon, weitere C_4-C_{10} Ester (zum Beispiel Ethylacetat, Butylacetat), Alkohole (zum Beispiel Methanol, Ethanol, iso-Propanol, n-Butanol und weitere langkettige und verzweigte Alkohole), Glykolderivate (zum Beispiel Methoxypropanol, Ethoxyethylacetat, Butylglykol, Propylenglykol, Diethylenglykolmonobutylether, Diethylenglykoldibutylether), Stabilisatoren (zum Beispiel Phenole, Chlorphenole), sonstige Verbindungen (zum Beispiel Weichmacher, Trimethylsilanol, Propylencarbonat, Fettsäuren, Fettsäureester, Kampfer, Naphthalin, Amine)

werden. Gasförmige Emissionen können Restmonomere, Restlösemittel oder Formaldehyd aus Harnstoffharzen sein.

Sitzgarnituren und Sessel mit Lederbespannung weisen oft nicht unerhebliche Flächen in Wohnräumen auf. Importleder werden zum Teil noch immer mit Pentachlorphenol (PCP) gegen Verschimmeln geschützt. Aufgrund des komplizierten Herstellungsprozesses kann Leder eine Vielzahl an flüchtigen organischen Verbindungen emittieren [25].

In Tabelle 13 werden flüchtige Inhaltsstoffe aus Textilien und Leder aufgeführt.

Möbel

Möbel sind eine häufige Ursache von Innenraumbelastungen. Sie haben große Oberflächen. Da neu hergestellte Möbel oft direkt nach der Produktion verpackt werden, geben sie nach dem Auspacken sehr hohe Emissionen in die Wohnräume ab. Diese Emissionen können sehr vielfältig sein, da unterschiedliche Bauteile verschieden aufgebaut sein können.

Emissionen aus Beschichtungsstoffen für Möbel unterscheiden sich nicht prinzipiell von denen aus anderen Beschich-

Tabelle 14: mögliche Emissionen aus Möbellacken [26]

Produkt-Code	Produktgruppen-bezeichnung	Flüchtige Inhaltsstoffe
–	**Physikalisch trocknende Systeme** - wie Beizen, Celluloselacke, Wasserlacke	Alkohole (zum Beispiel Ethanol, Butanole, Isobutanol), Ester (zum Beispiel Ethylacetat. Isobutylacetat, n-Butylacetat), Aromaten (zum Beispiel Toluol, Xylole), Aliphaten (Testbenzine verschiedener Siedebereiche), Ketone (zum Beispiel Aceton, Methylethylketon, Methylisobutylketon, MIBK), Glykolderivate (zum Beispiel 1-Methoxypropanol-2, 1-Methylpropylacetat-2, Butylglykol), Speziallösemittel (zum Beispiel Dicetonalkohol, N-Methylpyrrolidon)
–	**Physikalisch-chemisch trocknende Systeme** - wie Alkydharzlacke, Polyurethanlacke	Zusätzlich zu den physikalisch trocknenden Systemen: Pentanal, Hexanal, Nonanal, Härter der Polyurethanlacke enthält Toluyilendiisocyanat-Prepolymere, die sensibilisiernd wirken können (siehe auch GISCODE DD 1 und DD 2).
–	**Chemisch härtende Lacksysteme** - wie Polyesterdickschichtsysteme	Geringe Mengen an Lösemitteln, wie bei den physikalisch trocknenden Systemen, dazu mehrfunktionelle oder Reaktivlösemittel wie Styrol, Metylmethacrylat, 1,6-Hexandioldiacrylat
–	**UV-härtende Lacksysteme** (Walzlacke, Spachtelmassen UPE-Polyestermattinen, wasserverdünnbare Systeme)	Neben geringen Mengen organischer Lösemittel werden folgende Spaltprodukte freigesetzt: Benzaldehyd, Methylethylbenzaldehyd, Benzophenon sowie mehrfunktionelle Lösemittel (zum Beispiel 1,6-Hexandioldiacrylat

tungssystemen. Lediglich UV-härtende Industrielacke finden häufiger Verwendung. Es werden physikalisch trocknende Materialien (zum Beispiel Beizen, Nitrocellulose-Lacke, physikalisch-chemisch trocknende und härtende Lacksysteme (Alkydharz-, Polyurethanlacke) und chemisch härtende Lacksysteme (zum Beispiel Polyesterdickschicht-, UV-Lacksysteme) eingesetzt.

Tabelle 14 nennt flüchtige Inhaltsstoffe aus verschiedenen Systemen von Möbellacken. [26]

Frühere Regelungen von Emissionen aus Möbeln bezogen sich ausschließlich auf das Ausgasungsverhalten von Formaldehyd. Das neue Umweltzeichen »Emissionsarme Produkte aus Holz und Holzwerkstoffen« RAL UZ 38 regelt den Einsatz von Stoffen in der Möbelproduk-

Tabelle 15: Kriterien und Anforderungen der Umweltzeichen-Vergabegrundlage für emissionsarme Produkte aus Holz und Holzwerkstoffen

Kriterien	Anforderungen
Herstellung	
Holz	Angabe der Art und Herkunft des verwendeten Holzes; Holz aus nachhaltiger Forstwirtschaft ist bevorzugt zu berücksichtigen
Holzwerkstoffe	Anforderungen nach RAL-UZ 76 oder Ausgleichskonzentration für Formaldehyd von 0,1 ppm im Prüfraum sind einzuhalten
flüssige Beschichtungsstoffe	Lösemittelgehalt (VOC) < 250 g/l bei ebenen, flächigen Materialien, < 420 g/l bei Möbeln keine krebserzeugenden, mutagenen und teratogenen Stoffe keine toxischen Schwermetalle
sonstige Hilfsstoffe (Klebstoffe, feste Beschichtungsstoffe usw.)	keine halogenorganischen Verbindungen. Ausnahme: Fungizide zur Topfkonservierung
Nutzung	
Emission flüchtiger organischer Stoffe (Prüfkammerwert 28. Tag)	< 300 µg/m³ bei ebenen, flächigen Materialien < 600 µg/m³ bei Möbeln
Emission schwerflüchtiger organischer Stoffe (Prüfkammerwert 28. Tag)	< 100 µg/m³ bei ebenen, flächigen Materialien und Möbeln
Formaldehyd	< 0,05 ppm
Verpackung	Luftdurchlässig zum Ausgasen nach Herstellung
Entsorgung	
Verbrauchte Produkte	im Hinblick auf Verwertung und Entsorgung kein Zusatz von Materialschutzmitteln (Fungizide, Insektizide, Flammschutzmittel) und keine halogenorganischen Verbindungen. Ausnahmen: s. o. und anorganische Flammschutzmittel sowie Wasser abspaltende Mineralien
Verbraucherinformationen	
Basisinformation	Hinweise auf Verschleißteile, ggf. Reparaturservice (kompatibler Ersatz > 5 Jahre); Angaben zu den Werkstoffen; Hinweise zur Demontage; Angaben zur Strapazierfähigkeit (Einsatzbereiche, Ergebnisse von Materialprüfungen etc.)

tion, es legt maximale Emissionen in der Nutzungsphase fest und verbietet bestimmte Stoffe im Hinblick auf die Entsorgung. In Tabelle 15 sind die Kriterien des Umweltzeichens RAL-UZ 38 dargestellt.

Erstellen einer Messstrategie

Aufgrund der Vorerkundungen wird eine Messstrategie entwickelt, die der jeweiligen Problemstellung soweit wie möglich angepasst ist. Je nach Art der vermuteten Quellen muss die Frage nach den Messorten, nach dem Zeitpunkt und der Zeitdauer der Messungen geklärt werden. Es muss eine Auswahl der zu erfassenden Stoffe mit den entsprechenden Sammelmedien oder Nachweismethoden getroffen werden.

Auch mit den heutigen weit entwickelten analytischen Möglichkeiten gilt immer noch der Satz: »Man findet nur das, wonach man sucht«. Wobei eine weitere Erfahrung bei der Erstellung einer Messstrategie bedacht werden sollte: je vager der Verdacht ist, desto umfassendere Messungen sind nötig.

Im Hinblick auf die nicht unerheblichen Kosten umfassender Messungen ist es manchmal angebracht, ein stufenweises Vorgehen einzuplanen. Bei der Probennahme wird ein breites Spektrum an Schadstoffmessungen vorgesehen, aber zunächst nur die Bereiche analytisch untersucht, die am wahrscheinlichsten eine Lösung des Problems bringen.

Auf der anderen Seite sollte eine scheinbar klare Problemlage nicht dazu verleiten, sich nur auf diese zu fokussieren.

Gasförmige Schadstoffe

Je nach Art einer Quelle für gasförmige Schadstoffe und den Gegebenheiten im Innenraum kann es zu unterschiedlichen Verteilungen an Schadstoffen innerhalb des Raumes kommen.

Bei großflächigen Quellen, wie etwa einer Möbeloberfläche, kann man in einem Wohnraum von einer annähernden Gleichverteilung ausgehen. Während der Heizperiode sorgt die Konvektion der Luft durch die Heizkörper zusätzlich für eine Vermischung.

Bei punktförmigen Schadstoffquellen kann es vor allem in großen Räumen zu erheblichen Konzentrationsgradienten kommen. In diesen Fällen sollten mehrere Messungen gleichzeitig an verschiedenen Orten im Raum durchgeführt werden.

Vermutete externe Quelle

Wird eine Schadstoffquelle außerhalb der zu untersuchenden Räume vermutet, können durch eine Begehung des näheren Umfeldes der Wohnung oft schon Rückschlüsse auf eine mögliche externe Quelle gezogen werden. Eine Wohnung über einer Chemischen Reinigung wird zum Beispiel auf Perchlorethen und Undecan untersucht, eine andere Wohnung in der Nähe einer Tischlerei auf flüchtige organische Verbindungen. Einträge von Tiefgaragen zeichnen sich durch erhöhte Benzolwerte und Methyl-Tertiärbutylether (MTBE) aus dem unverbrannten Kraftstoff aus.

Oft ist aber eine Zuordnung von externen Quellen nicht eindeutig, oder es soll im Rahmen von Sachverständigengutachten der Beweis erbracht werden, dass bestimmte Schadstoffe wirklich von außen in Wohnräume eindringen. Es gibt außerdem sehr komplexe Schadstoffgemische, etwa aus Gaststätten oder Frisiersalons, die zudem stark schwanken können. In diesen Situationen ist es sinnvoll mit so genannten Tracergasen zu arbeiten.

Tracergase müssen folgende Eigenschaften aufweisen:

- ⇨ Sie müssen stabil sein,
- ⇨ gesundheitlich unbedenklich sein,
- ⇨ wenig Tendenzen haben, sich an Oberflächen anzulagern (zu adsorbieren),
- ⇨ sie dürfen weder in der Außen- noch in der Innenraumluft vorkommen und
- ⇨ sie sollten empfindlich und einfach nachzuweisen sein.

Entsprechend der Vorgehensweise bei der Bestimmung der Luftwechselrate wird häufig Schwefelhexafluorid (SF_6) oder Hexafluorbenzol (C_6F_6) als Tracergas eingesetzt [27].

Um den Durchgang eines Stoffes durch Gebäudeteile zu erfassen wird im Bereich der vermuteten Quelle im Gebäude das Tracergas über eine gewisse Zeit gleich bleibend ausgebracht und im betroffenen Wohninnenraum gemessen. Die Tracergaskonzentration am Ort der Ausbringung und an anderen Orten im Gebäude geben Aufschluss über Luftaustauschprozesse innerhalb des Gebäudes [28].

Vermutete interne Quelle

Allgemeine Aspekte der Messstrategie für Innenräume sind in der VDI 4300 Blatt 1 festgelegt. Wird die Schadstoffquelle in den betroffenen Räumen vermutet, wird sich die Messplanung nach den individuellen Gegebenheiten richten. Diese wird neben der Art der vermuteten Schadstoffe (leicht/schwerflüchtig) wesentlich von der Art der Quelle bestimmt.

Konstante Quellen

Es gibt Quellen mit einer weitgehend konstanten Stärke, der so genannten Quellstärke, die über einen langen Zeitraum von Monaten bis Jahren Schadstoffe freisetzten.

Die bekannteste konstante Quelle ist die Freisetzung von Formaldehyd aus Holzwerkstoffplatten (Abb. 1). Hier ist der geschwindigkeitsbestimmende Schritt die Rückbildung des Harzes in seine Ausgangsstoffe Formaldehyd und Harnstoff durch Reaktion mit dem Wasserdampf

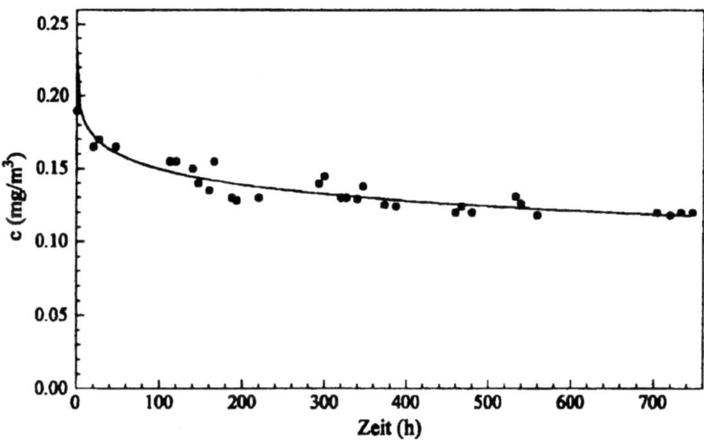

Abb. 1: *Konzentrations-Zeit-Verlauf für die Emission von Formaldehyd aus einer Faserplatte nach* COLOMBO ET AL. *(1994) [29]. Nach etwa einem Monat ist in der Prüfkammer ein quasi stationärer Zustand erreicht.*

der Luft (Hydrolyse). Dieser Prozess findet über die gesamte Lebensdauer der Holzwerkstoffplatten statt. Er ist in seiner Stärke nur abhängig von der Temperatur und der Luftfeuchtigkeit.

Weitgehend konstante Quellen können auch mittel- bis schwerflüchtige Stoffe sein, die in einer festen Matrix eingebettet sind und diese nur durch Diffusion verlassen können. Weichmacher aus einer Vinyltapete oder einem PVC-Bodenbelag können eine solche Quelle darstellen. Plastisch zeigt sich dieses Phänomen, dass die Produkte hart und brüchig werden, wenn sich die Weichmacher über Jahre aus dem Material abgereichert haben.

Ein weiteres Beispiel für eine konstante Quelle ist ein Kraftstofftank aus Kunststoff, der über Jahre beträchtliche Mengen an Kohlenwasserstoffen in die Umgebungsluft oder in den Autoinnenraum abgeben kann. Hier liegt ein großes Schadstoffreservoir vor. Durch den geschwindigkeitsbegrenzenden Prozess der Diffusion wandern die Kohlenwasserstoffe langsam durch die Wand des Tanks in die Raumluft.

Schadstoffe – ein Zahlenbeispiel

In einem Raum von 50m³ Volumen mit einem Luftwechsel von 1/h befindet sich ein Benzintank, der 5 Milligramm Kohlenwasserstoffe pro Stunde durch Diffusion in die Raumluft abgibt. Er erzeugt eine Konzentration von 100 µg/m³ an Benzinkohlenwasserstoffen im Raum. Auf ein Jahr hochgerechnet verliert der Tank etwa 50 Milliliter Benzin oder 1 Liter in 20 Jahren.

Messzeiten bei konstanten Quellen sind beliebig zu wählen und nur von der Bestimmungsgrenze (Empfindlichkeit der Messung) begrenzt. Wichtig ist die Erfassung der Umgebungsparameter, da Diffusionsprozesse und Hydrolyse stark von der Temperatur und der Luftfeuchte abhängen.

Abnehmende und zunehmende Quellen

Die meisten Schadstoffquellen zeigen abnehmende Quellstärken. Flüchtige Anteile von Lösemitteln reichern sich aus dünnen Oberflächenfilmen je nach Flüchtigkeit mehr oder weniger schnell ab (siehe Abb. 2).

Die Geschwindigkeit der Ausgasung ist von der Flüchtigkeit des Stoffes und der Dicke der (Lack-) Schicht abhängig, aus der der Stoff austritt.

Um ein Abklingverhalten verfolgen zu können, sind bei abnehmenden Quellen mehrere Kurzzeitmessungen in gewissen zeitlichen Abständen sinnvoll. Als Entscheidungshilfe für die Bewohnbarkeit eines Wohnraumes in Folge einer Belastungssituation sollte immer nach einer genügend langen Wartezeit eine so genannte »Freimessung« eingeplant werden.

Es gibt aber auch den Effekt, dass die Quellstärke über längere Perioden zunehmen kann. Gut beschrieben ist das Beispiel des Phenoxyethanols (synonyme Bezeichnung: Ethylenglykolmonophenylether) aus Bodenbelagsklebern [30] (siehe Abb. 3). Phenoxyethanol ist ein Hilfsstoff in manchen Bodenbelagsklebern der mit einem Siedepunkt von 245 °C zu den mittelflüchtigen Stoffen zählt. Es diffundiert im ersten Schritt in das Material des Bodenbelages und den Untergrund und in einem zweiten Schritt aus dem Belag in die Raumluft. Es konnte gezeigt werden,

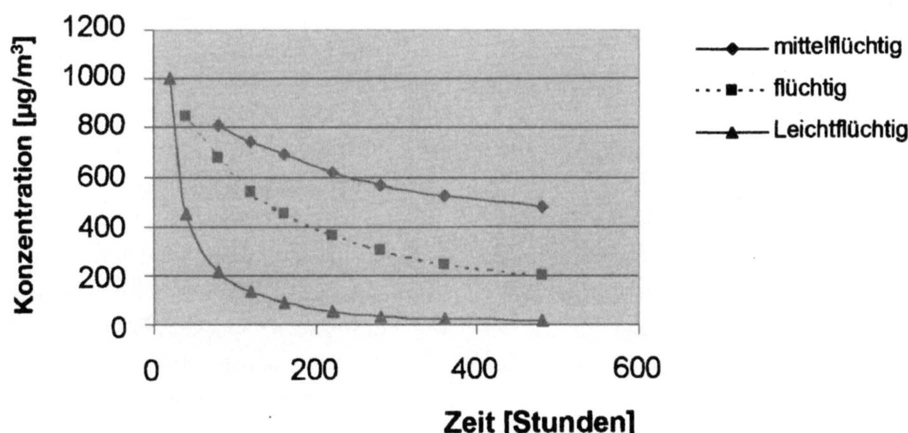

Abb. 2: *Abklingkurven verschieden flüchtiger Verbindungen (schematisch)*

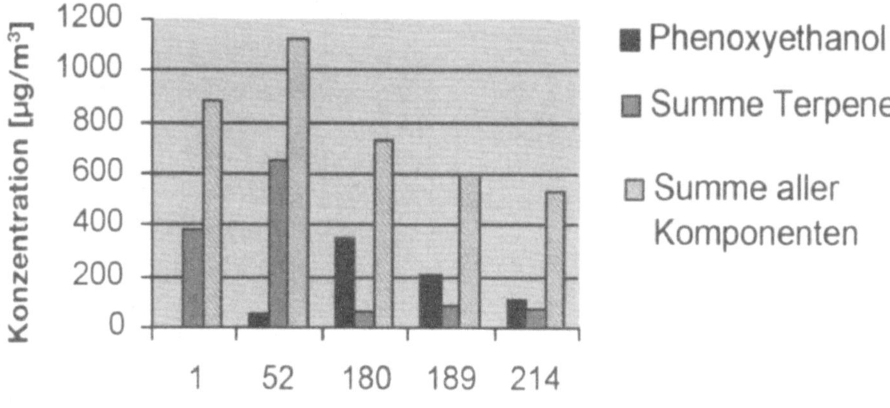

Abb. 3: *Emissionen von Terpenen, Phenoxyethanol und der Summe der Komponenten aus einem Kleber nach Verkleben eines Bodenbelages in die Raumluft [30].*

dass das Maximum der Quellstärke des Phenoxyethanols erst nach 6 Monaten erreicht war.

Zeitlich schwankende Quellen

Zeitlich schwankende Quellen können ein sich periodisch wiederholendes Muster aufweisen. Man nennt dieses Verhalten auch intermittierend gleichmäßig. Typische Beispiele sind Emissionen von Gasherden oder der CO_2-Gehalt in Schulräumen und Büros (siehe Abb. 4).

Andere Quellen sind unregelmäßig und weisen ein nicht periodisches Verhalten auf. Man nennt diese Quellen intermittierend ungleichmäßig. Typische Beispiele sind die Anwendung von Haushalts- und Hobbyprodukten.

Bei zeitlich schwankenden Quellen gibt es zwei Möglichkeiten strategisch vorzugehen:

- ⇨ Aufzeichnen eines oder mehrerer Parameter über einen längeren Zeitraum oder
- ⇨ Wahl einer langen Probennahmeperiode mittels Passivsammler oder mit einer diskontinuierlich laufenden Pumpe.

Der erste Fall ist beschränkt auf Messverfahren, die einen oder mehrere Parameter in einem engen Zeitraster von wenigen Minuten aufnehmen und über einen Datenlogger (Datenspeicher) über Zeiträume von einem Tag bis zu Wochen speichern können. Solche Geräte werden für eine beschränkte Anzahl von Parametern angeboten, wie etwa CO_2, CO, N_2O, O_3, und für bestimmte Summenparameter.

So genannte Schadstoff-Profilmessungen finden häufig Anwendung bei der raumklimatischen Überprüfung von Büros und öffentlichen Einrichtungen. Ne-

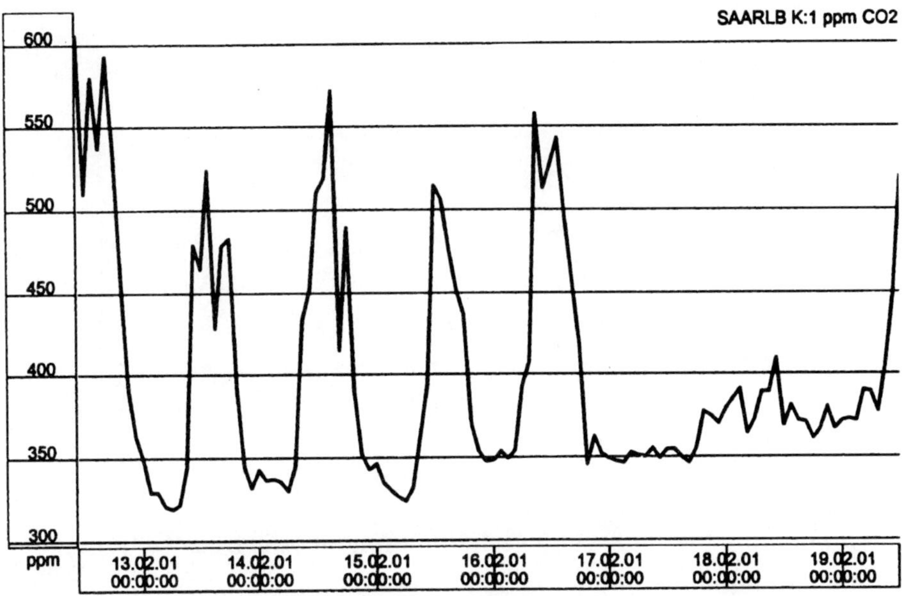

Abb. 4: *CO_2- Diagramm eines Büros (intermittierend gleichmäßig). Die Nutzung der Räume an 5 Wochentagen mit verschiedenen kurzen Lüftungsphasen ist deutlich zu erkennen*

ben der Aufzeichnung von Temperatur und relativer Feuchte sollte immer auch der CO_2-Gehalt in der Raumluft bestimmt werden. Dieser wichtige Parameter liefert nicht nur Informationen über die Luftgüte, an ihm kann auch abgelesen werden, wie dicht ein Raum nach außen hin abgeschlossen ist [31].

Im zweiten Fall wird die Messung so geplant, dass mittels eines Passivsammlers oder einer diskontinuierlich laufenden Pumpe über Zeiträume von Tagen bis etwa zwei Wochen auf jeden Fall aktive Phasen der Schadstoffquelle erfasst werden. Das Messergebnis zeigt dann einen gemittelten Konzentrationswert über den Messzeitraum. Kurzfristige hohe Konzentrationen werden durch die Mittelung aber nicht erkannt.

Lüftungsbedingungen, Temperaturen

Die Lüftungsbedingungen haben einen entscheidenden Einfluss auf das Messergebnis. Langzeitmessungen werden üblicherweise unter normalen Nutzungsbedingungen durchgeführt. In Räumen mit Raumlufttechnischen Anlagen (RLT-Anlagen) muss von Fall zu Fall entschieden werden, ob bei laufender oder stillgelegter RLT-Anlage gemessen wird.

Kurzzeitmessungen werden nicht unter normalen Nutzungsbedingungen

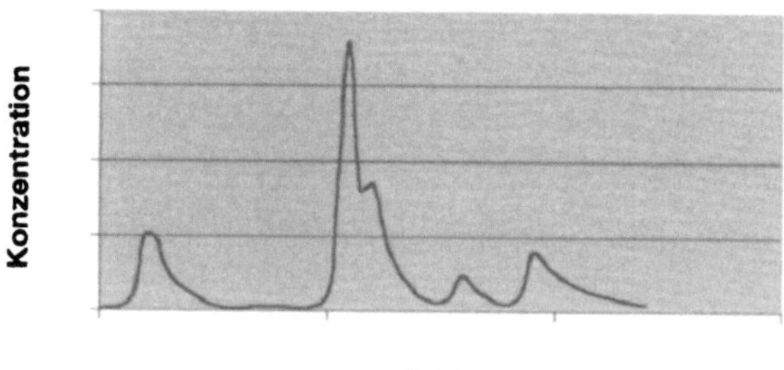

Abb. 5: *Quelle intermittierend ungleichmäßig*

durchgeführt. Normalerweise wird eine Situation erfasst, die eine größtmögliche Belastung für die Nutzer darstellt (worst-case-Bedingungen). Vor der Messung werden die Räume nach einer kurzen Stoßlüftung für 10 bis 12 Stunden geschlossen gehalten.

In dieser Zeit soll sich im Raum ein konstantes Konzentrationsniveau an Schadstoffen eingestellt haben. Wie man an folgender Graphik erkennt, ist die Zeit bis zur Konstanz der Schadstoffniveaus stark von der Dichtigkeit der Räume abhängig. In dichten Räumen (mit kleinen Luftwechselzahlen n) wird das Plateau erst viel später erreicht als in undichten Räumen.

Abbildung 5 zeigt Beispiele verschiedener Verläufe von Schadstoffkonzentrationen aus einer gleichmäßigen Quelle bei verschiedenen Luftwechselbedingungen.

Manche mittel- bis schwerflüchtigen Schadstoffe erreichen nach Lüftungsphasen viel schneller als erwartet wieder einen Gleichgewichtszustand. Untersuchungen in PCB- belasteten Räumen haben gezeigt, dass die im Raum vorhandenen so genannten Sekundärquellen für den raschen Anstieg auf das Ausgangsniveau verantwortlich sind [32].

Zeitpunkt und Dauer der Messung

Über den optimalen Zeitpunkt und die Dauer der Messungen wurde bereits im Rahmen der Beschreibung der verschiedenen Quellen Aussagen gemacht.

Allgemein muss gewährleistet sein, dass im Raum ein stabiler Gleichgewichtszustand herrscht. Dieser ist bei nicht zu dicht schließenden Räumen in der Regel gegeben, wenn der Raum 10 bis 12 Stunden geschlossen war und eine Raumtemperatur von >18 °C herrscht (siehe Abbildung 6 und 7). Die Dauer einer Messung richtet sich zum einen nach der Art und Stärke der Quelle, zum anderen muss je nach Analysenmethode eine ausreichende Masse an zu analysierenden Stoffen gesammelt werden, um eine vorgegebene Nachweisempfindlichkeit erreichen zu können. Die Messdauer reicht von einigen Minuten bis zu mehreren Tagen.

Sektion 08, Theoretische Grundlagen der Umweltmedizin

Folgelieferung 2/2004

Umweltepidemiologie
Teil 2: Allergien

Allergien treten immer häufiger auf – das scheint mittlerweile festzustehen. Die lange Zeit vorherrschende Hypothese, dass die Häufigkeitszunahme alleine auf ein Ansteigen der Konzentration von Umweltkontaminanten zurückzuführen sei, lässt sich allerdings nach neuesten Erkenntnissen nicht mehr halten. Gerade die »Hygiene-Hypothese« hat hier zu einem Umdenken geführt, obwohl auch bei dieser Annahme zur Krankheitsentstehung noch gewisse Ungereimtheiten bestehen. Einen wesentlichen Beitrag zum Verständnis der Pathogenese leistet derzeit die Molekulargenetik, von der man sich auch wichtige Erkenntnisse zur möglichen Allergieprävention erhofft.

Stichworte: Einleitung. Definition von Allergien. Deskriptive Epidemiologie: Geographische Unterschiede, Säkulare Entwicklung, Soziodemographische Faktoren. Ätiologische Epidemiologie: Schadstoffe der äußeren Umwelt, Innenraumbelastungen, die Hygiene-Hypothese, ‚Westlicher Lebensstil'. Molekulargenetische Faktoren. Literatur. Zusammenfassung.

N. Becker und D. Eis

Einleitung

Allergien stellen hierzulande und in vergleichbaren industrialisierten Ländern ein bedeutendes gesundheitspolitisches Problem dar. Man geht davon aus, dass europaweit etwa 9–40 % der Bevölkerung von Allergien betroffen sind [24]. Als Hauptrisikofaktoren werden eine genetische Disposition und diverse Umweltfaktoren angesehen. Eine Zunahme der Häufigkeit von Allergien, von der in der Fachwelt ebenso wie in der Öffentlichkeit vielfach die Rede ist, wurde lange Zeit mit einer zunehmenden Umweltschadstoff-Belastung in Verbindung gebracht.

Dieser Beitrag zeigt Ihnen:

- was unter den Begriffen Allergie, Atopie und Asthma zu verstehen ist;
- welche Faktoren die Entstehung einer Allergie begünstigen;
- wie sich die Häufigkeit der Allergie über die Zeit entwickelt hat;
- welche neuen molekulargenetischen Erkenntnisse das Verständnis der Ätiologie beeinflussen und eventuell in Zukunft helfen, Allergien zu vermeiden.

Epidemiologisch stößt man bei dieser Thematik auf mehrere Schwierigkeiten. Erstens wird der Begriff der »Allergie« in der Bevölkerung recht uneinheitlich verwendet, was sich sicher auch in den Ergebnissen Fragebogen-gestützter epidemiologischer Studien niederschlägt. Das könnte zur Folge haben, dass der Eindruck einer zunehmenden Prävalenz dieses Krankheitsbildes einfach durch einen inflationären Gebrauch der Bezeichnung verursacht wird. Zweitens ist es, bedingt durch den nicht einheitlich verwendeten Begriff, nicht einfach, hochwertige epidemiologische Daten über die geographischen Unterschiede und die säkulare Entwicklung der Prävalenz von Allergien zu gewinnen [87, 94]. Drittens erweist sich die Ätiologie dieser Krankheitsgruppe als unerwartet komplex.

Aus diesen Gründen wird der vorliegende Beitrag zunächst mit einer Definition von »Allergien« begonnen. Sodann wird auf die Datenlage hinsichtlich geographischer Unterschiede und zeitlicher Entwicklungen eingegangen. Schließlich wird der Wissensstand zur Ätiologie allergischer Erkrankungen skizziert, der in den letzten 10–15 Jahren einen bemerkenswerten Wandel durchgemacht hat.

Definitionen

Unter einer *Allergie* versteht man eine »verstärkte, spezifische Abwehrreaktion gegenüber an sich harmlosen Substanzen im Sinne einer krankmachenden Überempfindlichkeit« [64]. Sie können sich klinisch manifestieren zum Beispiel als

- ⇨ allergische Rhinokonjunktivitis, zu der ganzjähriger Schnupfen und Heuschnupfen (saisonale Rhinitis) gehören,
- ⇨ allergisches Asthma bronchiale,
- ⇨ Kontaktekzem,
- ⇨ atopisches Ekzem (Neurodermitis).

Allergien sind eng assoziiert mit *Atopie*. Unter Atopie versteht man die Tendenz zu einer überschießenden Produktion spezifischer IgE-Antikörper als Reaktion auf eine Exposition gegenüber ubiquitären Allergenen [36, 51]. Sie hat eine, wenn auch komplexe, genetische Grundlage (siehe unten). Eine serologisch ermittelte Atopie ist nicht mit einer klinisch manifesten Allergie gleichzusetzen. Allerdings haben so genannte Atopiker ein deutlich erhöhtes Risiko, allergische Erkrankungen (Typ-I-Allergien) zu entwickeln. Umgekehrt muss nicht jedes klinische Erscheinungsbild einer Allergie auf einer serologisch nachweisbaren Atopie beruhen.

Asthma wird heute aufgrund der Vielfältigkeit des klinischen Erscheinungsbildes allgemein definiert als eine Krankheit der Atemwege mit variabler Atemwegsobstruktion infolge einer chronischen Entzündung und gesteigerten Reaktivität des Bronchialsystems [57, 62, 88]. Etwa 10 % der Kinder gelten als betroffen; unter Erwachsenen liegt der Anteil mit etwa 5 % niedriger [2]. Asthma muss nicht allergischer Natur sein, und der Anteil des atopisch bedingten Asthmas scheint geringer als früher angenommen. Die verfügbaren epidemiologischen Daten deuten darauf hin, dass er möglicherweise nur bei etwa 50 % liegt [57].

Nahrungsmittelallergien sind wesentlich seltener und betreffen zum Beispiel in den USA nur etwa 1–2 Prozent der Bevölkerung. Gleichwohl glauben sehr viel mehr Menschen, an einer Nahrungsmittelallergie zu leiden; für die USA wird ein Anteil von etwa 25 % der Bevölkerung genannt. Ein Großteil der von den Patienten als ‚allergisch' beschriebenen Symptome erweisen sich als nicht-allergischer Natur und sind zutreffender als Nahrungsmittelunverträglichkeiten zu bezeichnen [12]. Auf diesen Bereich wird in diesem Kapitel nicht näher eingegangen (siehe hierzu Kap. 03.03, Teil 3).

Deskriptive Epidemiologie

Die Häufigkeit allergischer Erkrankungen weist beträchtliche regionale und zeitliche Unterschiede sowie Assoziationen mit dem Sozialstatus respektive mit Lebensstilfaktoren auf.

Geographische Unterschiede

Aufgrund fehlender Standardisierung der Untersuchungsmethoden war es bis vor kurzem kaum möglich, zuverlässige Angaben über geographische Unterschiede in der Häufigkeit allergischer Krankheiten zu machen. Erst eine in den 1990er Jahren weltweit auf der Grundlage einheitlicher Erhebungsinstrumente durchgeführte multizentrische Querschnittsstudie stellte Prävalenzdaten für 13–14-jährige Kinder zur Verfügung. Die Studie wurde in 155 Zentren aus 56 Ländern durchgeführt und umfasst insgesamt 463.801 Kinder [35]. Die Abbildungen 1–3 zeigen, dass die Unterschiede in der Prävalenz von Heuschnupfen, Asthma bronchiale und von atopischem Ekzem erheblich sind, und sich die höchsten Prävalenzen von den niedrigsten teilweise um das 20–60-fache unterscheiden. Außerdem lassen die Daten erkennen, dass auch innerhalb der beteiligten Länder die regionalen Unterschiede mitunter beträchtlich sind. Die weltweiten Häufigkeitsunterschiede, aber insbesondere auch diejenigen innerhalb bestimmter Länder, für die sprachliche Probleme oder sonstige Aspekte einer möglichen ungenügenden Standardisierung der Erhebungsinstrumente sicherlich keine relevante Rolle spielen, deuten auf eine maßgebliche Beteiligung von Umweltfaktoren im breitesten Sinne des Wortes bei der Ätiologie dieser Krankheitsbilder hin.

Eine ähnliche, allerdings weitgehend auf europäische Länder beschränkte Untersuchung hatte zuvor für Erwachsene ebenfalls beträchtliche Prävalenzunterschiede nachgewiesen [24]. Für regionale Unterschiede innerhalb Deutschlands

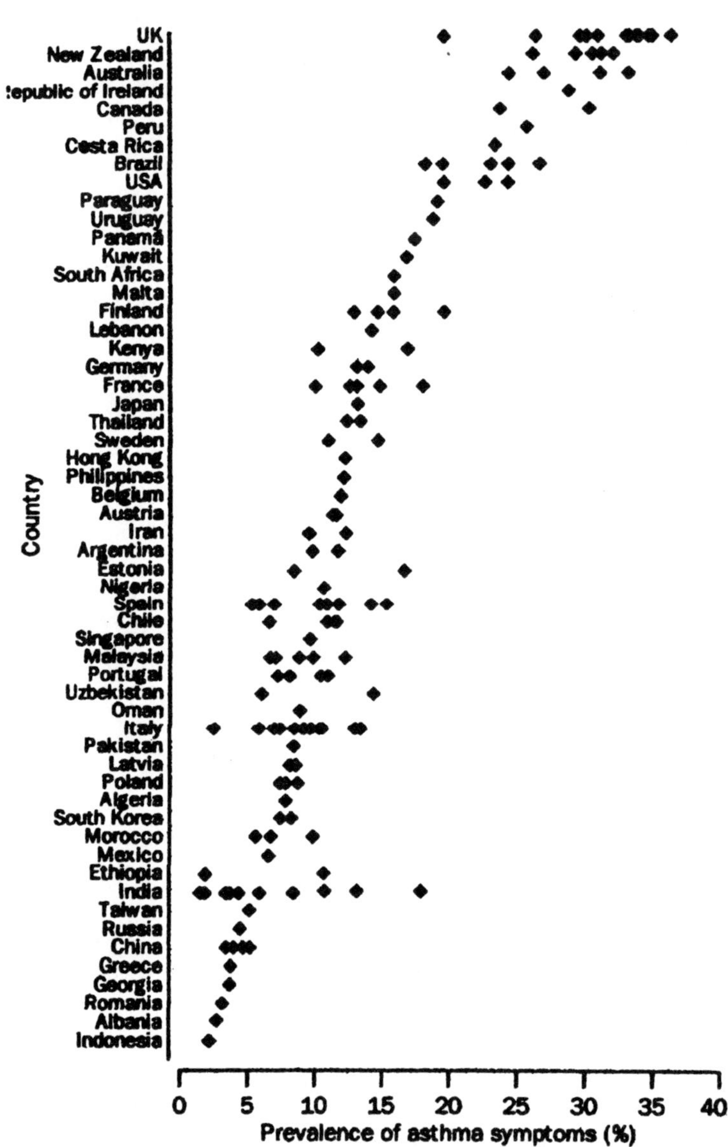

Abb. 1: *12-Monatsprävalenz selbst berichteten Asthmas [35].*

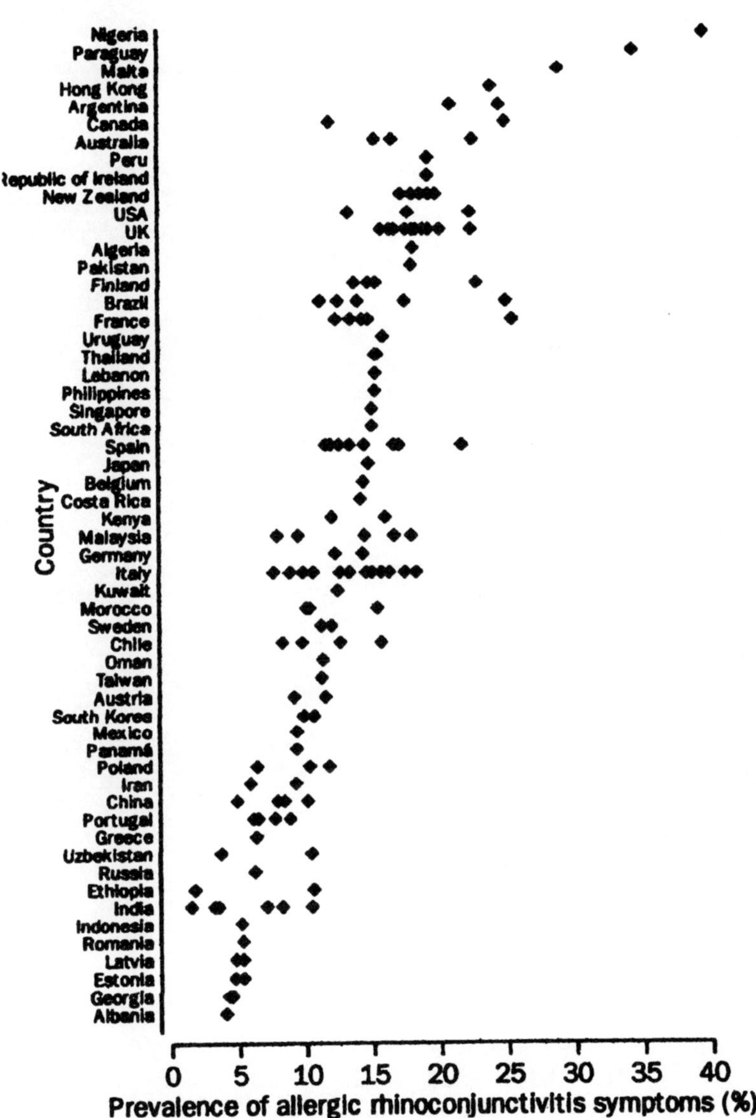

Abb. 2: *12-Monatsprävalenz von Symptomen allergischer Rhinokonjunktivitis [35].*

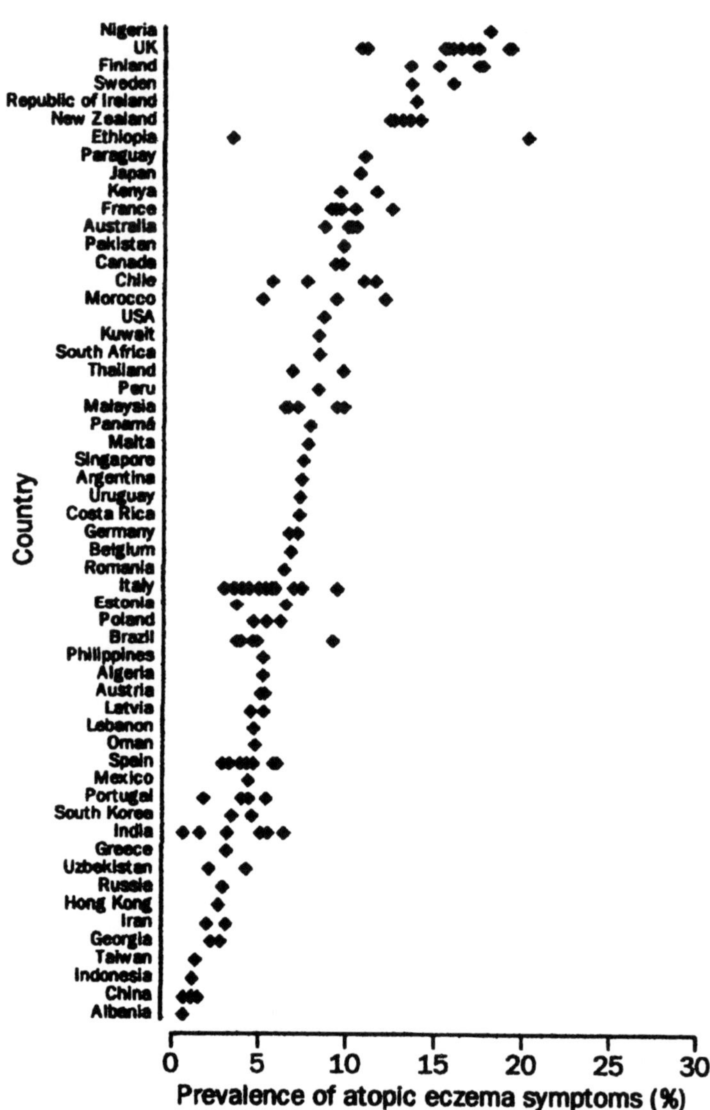

Abb. 3: *12-Monatsprävalenz atopischer Ekzeme [35].*

liegen mittlerweile eine Fülle von Bestandsaufnahmen, zumeist aus Querschnittsuntersuchungen, vor, die im Einzelnen hier nicht referiert werden sollen. Eine Übersichtstabelle findet sich in Ring et al. [64] sowie bei Eis [22].

Säkulare Entwicklung

Eine der wenigen verfügbaren Langzeitstudien mit standardisierter Diagnostik wurde in der Schweiz unter 15-jährigen Genfer Schülern durchgeführt. Für die Zielkrankheit Heuschnupfen (Pollinose) wurde im Jahr 1968 eine Prävalenz von 4,4 % gefunden, im Jahr 1981 von 6,1 %. Der Unterschied erwies sich als statistisch sicherbar [75, 76]. Allerdings bewies die Untersuchung noch nicht eine absolute Zunahme, da es sich bei der beobachteten Zunahme auch lediglich um eine Vorverlagerung des Diagnosezeitpunktes hätte handeln können.

Unter der Annahme gleich bleibender Diagnoseverfahren für die Pollinose können jedoch auch die in der Schweiz seit 1926 wiederholt durchgeführten bevölkerungsbezogenen Untersuchungen für Langzeitvergleiche herangezogen werden, die keine Beschränkung auf bestimmte Altersgruppen aufweisen [95]. Sie zeigen unter den 15–74-Jährigen einen Anstieg der Heuschnupfenprävalenz von 1,4 % im Jahr 1926 über 4,8 % im Jahr 1958 auf 10,0 % im Jahr 1986.

Analoge Langzeitvergleiche ergaben in Japan ähnliche Ergebnisse. Dort stieg die Prävalenz der Zedernpollenallergie von 2–3 % in den 1950er Jahren auf 10–15 % in den 1980er Jahren.

Schließlich liegt aus Japan auch eine Beobachtung des Zeittrends der serologisch bestimmten Sensibilisierung gegenüber ausgewählten Allergenen unter Schülerinnen vor: sie wurde 1978, 1981, 1985 und 1991 durchgeführt und zeigte einen Anstieg der Prävalenz von 21 % im Jahr 1978 auf 39 % im Jahr 1991 [50].

In der Gesamtschau machen diese Untersuchungen deutlich, dass es sich bei der beobachteten Zunahme von allergischen Erkrankungen in den vergangenen Jahrzehnten um einen realen Vorgang handelt.

Soziodemographische Faktoren

Wiederholt wurde eine Assoziation zwischen der Zugehörigkeit zu einer höheren sozialen Schicht und einer höheren Prävalenz allergischer Manifestationen gefunden. Beobachtungen dieser Art stammen aus Harare (Zimbabwe) bezüglich Atemwegsüberreagibilität, Großbritannien zu atopischen Ekzemen oder Italien hinsichtlich des gemessenen IgE-Status. Das Bemerkenswerte der letzteren Studie ist, dass der Sozialstatus der Eltern in Beziehung steht zu einer objektiv messbaren Determinante des Atopie-Status ihrer erwachsenen Söhne.

Diese Assoziationen sind aber nicht konsistent in allen Studien auffindbar. Beispielsweise fanden amerikanische Untersuchungen eine erhöhte Asthma-Morbidität in unteren sozialen Schichten (für Einzelheiten und Fundstellen siehe VON MUTIUS [77]). Die mangelnde Konsistenz ist plausibel, wenn man berücksichtigt, wie unterschiedlich stabil die soziale Schichtung in den verschiedenen Ländern ist und wie schwierig es ist, die soziale Schichtenzugehörigkeit angemessen abzubilden. Je nach den verwendeten Verfahren wird man unterschiedliche Lebensstilaspekte bevorzugt abbilden und demgemäß das Merkmal soziale Schicht eher als ein Surrogat für ‚Lebensstil' interpretieren müssen.

Ätiologische Epidemiologie

Die maßgeblichen Risikofaktoren für Allergien sind genetische Disposition, Exposition gegenüber natürlichen Allergenen und ein Spektrum möglicher anthropogener Umweltfaktoren. Da die beobachtete Zunahme allergischer Erkrankungen kaum durch genetische Faktoren zu erklären ist, liegt ein Schwerpunkt der Forschung auf der Identifizierung möglicher Mechanismen, die eine Zunahme der Exposition gegenüber natürlichen Allergenen hervorrufen könnten, sowie möglicherweise beteiligten Umweltfaktoren [77]. Der Bereich der Umweltfaktoren fächert sich wiederum hinsichtlich des möglichen Effektes einer *Schadstoffbelastung* weiter auf. Der Mensch verbringt hierzulande im Durchschnitt 90 % seiner Zeit in Innenräumen und nur einige wenige Prozent im Freien unter Exposition gegenüber der Außenluft. Der Exposition gegenüber Schadstoffen in *Innenräumen* wurde daher neben der Schadstoffbelastung der *äußeren Umwelt* eine wachsende Aufmerksamkeit geschenkt.

Bei der allergischen Rhinitis können diese beiden Umweltbereiche hinsichtlich der zwei Varianten ‚saisonale Rhinitis' (Heuschnupfen) und ‚ganzjährige Rhinitis' eine unterschiedliche Rolle spielen. Pathogenetisch ist der Heuschnupfen verursacht durch jahreszeitlich unterschiedlich prävalente Pollen und moduliert durch bestimmte Kofaktoren. Die ganzjährige Rhinitis ist dagegen eher durch Expositionen gegenüber Innenraumallergenen bedingt und ebenfalls moduliert durch weitere Kofaktoren aus der Umwelt [38].

Genetische Faktoren

Genetische Faktoren sind bei Allergien von primärer Bedeutung [84, 85, 93]. ‚Zwillingsstudien', bei denen die Prävalenz unter monozygoten (eineiige) und dizygoten (zweieiige) Zwillingen miteinander verglichen werden, sind für die Untersuchung der genetischen Komponente besonders geeignet. Es zeigte sich, dass die Konkordanz für das Vorliegen einer Atopie unter monozygoten Zwillingen höher war als unter dizygoten [45, 68]. Eine australische Studie konnte ein attributables Risiko (Definition siehe statistischer Anhang) für Heuschnupfen und Asthma von etwa

60 % ermitteln [20]. KJELLMAN et al. [37] berichten ein 5–10-prozentiges Risiko von Kindern ohne familiäre Vorgeschichte, eine Allergie zu entwickeln. Bei einer familiären Vorgeschichte durch ein Elternteil erhöht sich das Risiko auf 35 % und durch beide Elternteile auf 50 % [85]. Tabelle 1 zeigt entsprechende Zahlen aus deutschen Studien.

Allergischen Krankheiten und Asthma liegen keine einfachen, monogenen Erbgänge zugrunde. Vielmehr ist von einer größeren Zahl beteiligter Gene auszugehen, innerhalb derer sich im Laufe der Evolution Varianten entwickelt haben. Diese müssen per se nicht krankmachend sein und können entwicklungsgeschichtlich sogar Vorteile geboten haben, begünstigen im Zusammenspiel untereinander sowie mit bestimmten Umweltfaktoren heutzutage jedoch das Auftreten der genannten Krankheiten. Angesichts der größeren Zahl der beteiligten Gene spricht man von multifaktorieller (poly-

Tabelle 1: Hinweis auf eine genetische Beteiligung bei der Allergieentstehung durch familiäre Vorbelastung (nach [84]).

Krankheitsbild/ Indikator	Bevölkerungs-gruppe	Familiäre Vorbelastung	Odds Ratio
Atopiemanifestation	1. Lebensjahr	Vater und Mutter	1,5
atopische Dermatitis	1. Lebensjahr	Vater und Mutter	2,0
atopische Dermatitis	1. Lebensjahr	Vater oder Mutter	1,5
atopische Dermatitis	Vorschulkinder	Vater oder/und Mutter	6,0
atopische Dermatitis	Zehnjährige	Vater oder Mutter	3,4
Asthma	Zehnjährige	Vater oder Mutter	2,6
Asthma	Zehnjährige	Vater und Mutter	5,0
Heuschnupfen	Zehnjährige	Vater oder Mutter	3,6
positiver Hauttest	Schulkinder	Vater oder Mutter	1,5
positiver Hauttest	Erwachsene	Vater oder Mutter	1,7
positiver Hauttest	Erwachsene	mindestens 1 Geschwisterteil	1,6
spezifische IgE (Phadiatop)	Erstklässler	mindestens 1 Geschwister- oder Elternteil	2,1
spezifische IgE (RAST)	Erstklässler	mindestens 1 Geschwister- oder Elternteil	1,7 – 3,0
Gesamt IgE (> 180 KU/l)	Erstklässler	mindesteins 1 Geschwister oder Elternteil	1,5
Allergierisiko	Erstklässler	mindestens 1 Geschwister- oder Elternteil	7,7
Prävalenz BHR	Erwachsene	Vater oder Mutter	1,2
Prävalenz BHR	Erwachsene	mindestens 1 Geschwisterteil	2,7

gener) Vererbung oder von ‚komplexen' Vererbungswegen [2, 30].

Schadstoffe der äußeren Umwelt

In den 1980er Jahren wurde nach Zusammenhängen zwischen Luftschadstoffexpositionen und dem nachfolgenden Auftreten von Allergien gesucht. Die veröffentlichten Studien schienen zunächst einen solchen Zusammenhang zu bestätigen. So fand eine japanische Studie die Inzidenz der Zedern-Pollinosis erhöht in Abhängigkeit von

- ⇨ der Pollenkonzentration,
- ⇨ erblichen Faktoren und
- ⇨ der Verkehrsdichte in der Wohngegend der Probanden [34].

Diese ersten Studien waren jedoch aufgrund mehrerer methodischer Schwächen angreifbar. So waren zum Beispiel mögliche Unterschiede in der Altersverteilung der Probanden in den verschiedenen beobachteten Regionen unberücksichtigt geblieben. Des Weiteren war auch die Möglichkeit einer unterschiedlichen sozialen Schichtenzugehörigkeit in den Vergleichsregionen nicht beachtet worden. An der Entwicklung der in der Folgezeit durchgeführten Studien lässt sich beobachten, wie schrittweise methodische Begrenzungen überwunden beziehungsweise umgangen wurden.

Grundsätzlich erscheint eine Zweiteilung der Fragestellung sinnvoll, nämlich in die Frage, ob Luftschadstoffe das Neuauftreten einer allergischen Sensibilisierung induzieren können, und die Frage, ob sie bei bereits bestehender allergischer Sensibilisierung lediglich die klinische Symptomatik akut auslösen oder verstärken können [11]. Entsprechend wird im Folgenden vorgegangen.

Induktion von Allergien durch Luftschadstoffe

Eine Reihe von Autoren näherten sich der Problematik durch so genannte »ökologische Studien«, in denen die Allergieprävalenz in städtischen und ländlichen Gebieten miteinander verglichen wurde. Die Sensibilisierung war dabei durch den kutanen Pricktest oder den Nachweis allergenspezifischer IgE-Antikörper im Serum bestimmt worden. Einige dieser Vergleichsstudien fanden eine höhere Sensibilisierungsfrequenz in städtischen Regionen [8, 9, 31, 29], andere fanden keine Unterschiede [17, 39] und wieder andere fanden eine höhere Prävalenz in ländlichen Regionen [18].

Diesen Untersuchungen lag die Annahme zugrunde, dass eine Luftschadstoffexposition in städtischen Regionen stets höher sei als in ländlichen Regionen. Dies trifft jedoch nur für einige Luftschadstoffe, wie zum Beispiel Schwefel, Stickstoffdioxid und Feinstaub zu, nicht jedoch für andere Schadstoffe, wie zum Beispiel Ozon, für das in ländlichen Regi-

Durch die Aufnahme von Feinstpartikeln wie den luftgetragenen Sporen in die Alveolar-Makrophagen beziehungsweise durch mechanische Irritation werden lokale Entzündungen hervorgerufen. Zusätzlich kann sich durch die Kontaktintensität der Sporen in den Atemwegen eine spezifische Sensibilisierung entwickeln oder eine bereits bestehende Sensibilisierung in Form einer allergischen Reaktion darstellen. Dies ist im Wesentlichen abhängig von der aufgenommenen Partikelmenge.

Anders als Blütenpollen, die jahreszeitlich begrenzt auftreten, schweben Schimmelpilzsporen das ganze Jahr über in unterschiedlichen Konzentrationen, je nach Spezies in der Luft.

Pilzsporen sind in intensiv landwirtschaftlich genutzten Gegenden mit Getreideanbau besonders zahlreich im Aeroplankton vertreten. Regionen mit einer milden Witterung aber häufigem Niederschlag, wie im Rheinland, begünstigen das extramurale Schimmelpilzwachstum. Die gemessenen Sporenkonzentrationen sind insgesamt als hoch anzusehen. Ihre Partikelzahlen übertreffen zum Teil die Pollenzahlen um ein Vielfaches. Außerhalb von Gebäuden geht das Wachstum der Schimmelpilze oft mit dem der grünen Pflanzen einher. Blätterhaufen, Kompost, Heu- und Getreidelager, Holzstämme, Brennholzstapel, Holzspäne, Gewächshäuser und jegliche Art faulenden Materials bieten optimale Bedingungen für ein Schimmelpilzwachstum. Auch Plätze in tiefem Schatten oder mit dichter Vegetation werden vom Schimmel bevorzugt.

Würde man als Beurteilungskriterium für die Qualität der Außenluft die Bewertungsgrundlagen des Schimmelpilzleitfadens des Umweltbundesamtes heranziehen, so wäre aufgrund der aktuellen Messergebnisse, zumindest zu bestimmten Monaten von einem Aufenthalt im Freien für Schimmelpilzallergiker dringend abzuraten [9].

Immer wieder wird publikumswirksam berichtet, dass allergische Erkrankungen in Deutschland auf dem Vormarsch seien. Die Ursachen dürften vielfältig sein. Eine differenzierte wissenschaftliche Abklärung ist noch erforderlich. Einzelne epidemiologische Annahmen, die eine höhere Exposition gegenüber biologischen Einflussfaktoren als protektiv für die Allergieentstehung einstufen, werden sich nicht bestätigen können. Grundsätzlich stellt sich aber die Frage, wieso der Mensch auf seine natürliche Umwelt mit allergischen Krankheitserscheinungen wie Rhinitis, Konjunktivitis, Asthma bronchiale und dem allergischen Ekzem reagiert. Eine entscheidende Voraussetzung für die Entstehung einer Allergie ist die genetisch determinierte Veranlagung im Sinne einer Atopie. Die Manifestation einer Allergie hängt dann von den jeweiligen Einflussfaktoren ab. Unspezifische Stimuli stellen Operationen, Stress, Infekte oder auch Tabakrauch dar. Zu den gesicherten spezifischen Auslösern gehört eine vermehrte Allergenexposition, wie sie auch durch die Schimmelpilzexposition der Außenluft gegeben sein kann [10]. Die Messergebnisse belegen zum Teil exorbitant hohe Sporenkonzentrationen.

Zusammenfassung und Empfehlungen

Sporen von Schimmelpilzen sind in unserer Außenluft (Rheinland um Düsseldorf) in erheblichen Konzentrationen vertreten. Die Variabilität ist unter den Randbedingungen von Temperatur und Feuchtigkeit von Oberflächen und der Luft als groß anzusehen. Sie sind durchaus in ihrer Zahl und der Zusammensetzung der Spezies mit der Sporenexposition von Innenräumen mit einer Schimmelpilzquelle vergleichbar.

Es lassen sich saisonale Schwerpunkte der aerogenen Sporenbelastung feststellen. Insbesondere bei anamnestischen Hinweisen auf eine Pollinose (Gräser) beziehungsweise eine Milbenallergie ist differentialdiagnostisch an eine Schimmelpilzallergie zu denken.

Literatur

[1] LGA: *Landesgesundheitsamt Baden-Württemberg (2001) Schimmelpilze in Innenräumen - Nachweis, Bewertung, Qualitätsmanagement. Abgestimmtes Arbeitsergebnis des Arbeitskreises „Qualitätssicherung - Schimmelpilze in Innenräumen" am Landesgesundheitsamt Baden-Württemberg. 14.12.2002, Stuttgart*

[2] Khan Z.U.; Khan M.A.; Chandy R.; Sharma P.N.: *Aspergillus and other moulds in the air of Kuwait. Mycopathologia (1999) 146(1) 25-32.*

[3] Lichtnecker H., Becher S.: *Gesundheitsgefährdung durch Bioaerosole bei Müllwerkern. Rheinischer Gemeindeunfallversicherungsverband Düsseldorf 1999.*

[4] Allmers, H.; Huber, H.; Baur, X.: *Bronchopulmonale Schimmelpilz-Allergie eines Müll Werkers. Arbeitsmed. Sozialmed. Umweltmed. 32 (1997) 64-67.*

[5] Poulsen, O. M.; Breum, N. O.; Rebbehol, N.; Hansen, A. M.; Ivens, U. I.; van Lelieveld, D.; Malmros, P.; Matthiasen, L.; Nielsen, B. H.; Nielsen, E. M.; et al.: *Collection of domestic waste. Review of occupational health problems and their possible causes. Sci Total Environ 170 (1-2), 1-19 (1995)*

[6] Klimek L., Riechelmann H., Saloga J., Mann W., Knop J.: *Allergologie und Umweltmedizin. Schattauer Verlag Stuttgart, New York 1997.*

Empfehlungen bei einer inhalativen Schimmelpilzallergie

- ➪ Personen mit einer Schimmelpilzsensibilisierung sollten es bei feuchter Witterung vermeiden mit offenem Fenster zu schlafen. Dies schützt vor einem Eintrag von Sporen aus der Außenluft.
- ➪ Bei feuchter oder windiger Witterung im Innenraum aufhalten.
- ➪ Keinen Komposteimer in direkter Nähe zum Haus aufstellen.
- ➪ Kleidung nach einem Waldspaziergang, an feuchten Tagen oder nach der Gartenarbeit waschen. Haare vor dem Schlafen gehen waschen.
- ➪ Büsche und Bäume nicht zu dicht ans Haus wachsen lassen. Keine Hausberankung.
- ➪ Für manche Hypersensible muss ein Wohnortwechsel erwogen werden, falls man in direkter Wald- oder Parknähe beziehungsweise in Regionen mit einer bekannt hohen Schimmelpilzkonzentration der Außenluft wohnt. Dies würde anhand unserer Messergebnisse zutreffen. Eine Insellage beziehungsweise ein Wohnort nahe dem Meer hilft.

onen zum Teil weitaus höhere Konzentrationen angetroffen werden. Ein weiterer methodischer Mangel bestand auch bei diesen Studien darin, dass die soziale Unterschiedlichkeit zwischen städtischen und ländlichen Regionen nicht hinreichend berücksichtigt werden konnte.

Im Zuge der Deutschen Wiedervereinigung wurde eine andere Art von Studien möglich, bei denen städtische Regionen mit unterschiedlichen Luftschadstoffbelastungen direkt miteinander verglichen werden konnten. Es war bekannt, dass in den ostdeutschen Städten zum Teil erheblich höhere Luftschadstoffbelastungen vorlagen als in vergleichbaren westlichen städtischen Regionen. Den damaligen Annahmen zufolge hätte in den ostdeutschen Städten folglich die Allergieprävalenz höher liegen müssen als im Westen. Tatsächlich fanden die damals durchgeführten Vergleichsstudien im Osten eine weitaus niedrigere Allergieprävalenz als in den westlichen Vergleichsregionen [9, 39, 78]. Diese Ergebnisse waren konsistent mit den Prävalenzwerten, die später im Rahmen der ISAAC-Studie für die mittel- und osteuropäischen Länder gefunden wurden (siehe oben).

Verlaufsstudien fanden darüber hinaus eine gegenläufige Entwicklung dergestalt, dass mit der in den Jahren nach der Deutschen Vereinigung abnehmenden Schadstoffbelastung der Luft im Osten die Allergiehäufigkeit zunahm.

Bei diesen Untersuchungen ist allerdings zu berücksichtigen, dass auch hier nicht wirklich exponierte mit nicht exponierten Personengruppen verglichen wurden. Zwar war die Schwefeldioxid- und Staubbelastung im Osten aufgrund einer stärkeren Verwendung von Kohle als Brennstoff höher als im Westen, doch war die Luftschadstoffbelastung im Westen mit Stickstoffdioxid und Ozon aufgrund einer stärkeren Verwendung fossiler Treib- und Brennstoffe in Verkehr und Industrie erheblich höher als im Osten. Die Studien lassen sich also dahingehend interpretieren, dass sie Personengruppen mit Expositionen gegenüber unterschiedlichen Schadstoffmischungen verglichen haben [11]. Auch bei diesen Studien blieben im Übrigen die sozialen Lebensbedingungen als mögliche Störfaktoren unberücksichtigt.

In einer Reihe weiterer Studien wurde jeweils eine größere Zahl von Regionen mit unterschiedlichen Schadstoffbelastungen miteinander verglichen. In der Mehrheit der Studien wurde ebenfalls kein Zusammenhang zwischen der Luftschadstoffbelastung und einer allergischen Sensibilisierung, Heuschnupfen oder Asthma festgestellt (Schweiz »SCARPOL«: [10]; USA »Sechs-Städte-Studie«: [19]; Südfrankreich: [13]). Lediglich aus einer österreichischen Studie wurde ein positiver Zusammenhang mit der Häufigkeit von asthmatischen Beschwerden berichtet [72]. Die zuvor erwähnten Studien (SCARPOL und Sechs-Städte-Studie) fanden allerdings durchaus Zusammenhänge mit akuten Atemwegsbeschwerden (Husten, Bronchitis), so dass man folgern könnte, dass Luftschadstoffe zwar akute Atembeschwerden, weniger jedoch Allergien induzieren können.

Eine weitere Gruppe von Studien stützt sich schließlich auf die direkte individuelle Expositionserhebung am Wohnort und die Erhebung der allergischen Symptomatik der betreffenden Probanden. Die ersten Studien dieser Art fanden jeweils positive Beziehungen zwischen der Verkehrsdichte und der Prävalenz von Heuschnupfen und asthmatischen Beschwerden (Bochum: [86]; Münster: [21]; Italien: [14]), konnten jedoch kritisiert werden, weil sie beide Informationen – diejenige über die Exposition wie auch diejenige über die Erkrankung – von den Probanden selbst erfragt hatten und insofern mögliche Verzerrungen, beispielsweise aufgrund von »Social Desirability«, nicht auszuschließen waren.

Weitere Studien auf individueller Datenerhebungsbasis stützten sich daher auf objektive Daten auf der Grundlage von *Luftschadstoffmessungen* und *Verkehrszählungen* auf der Expositionsseite sowie zum Beispiel *Allergietestungen* auf der Effektseite. Etwas mehr als die Hälfte dieser Studien konnten keinen Zusammenhang zwischen Verkehrsdichte beziehungsweise Luftschadstoffbelastung und einer allergischen Symptomatik feststellen (München: [92]; London: [90]; Kalifornien: [23]; Dresden: [32]; Japan: [69]). Bei einer kleineren Zahl vergleichbarer Studien wurden jedoch positive Assoziationen ermittelt (Taiwan: [26]; Niederlande: [74]; Düsseldorf: [41]; Basel: [97]).

In der Bilanz schließen die bis heute vorliegenden Studien zwar einen möglichen Zusammenhang zwischen Luftschadstoffbelastung und der Induktion einer allergischen Sensibilisierung nicht aus, doch deuten die Ergebnisse darauf hin, dass, wenn ein solcher Zusammenhang besteht, er keine *maßgebliche* Ursache für Allergien, und insbesondere nicht für die beobachtete Zunahmen von Allergien in den letzen Jahrzehnten, darstellt.

Verstärkung der Symptomatik

Die Frage nach der kurzfristigen Modulation einer bereits bestehenden *Asthma*-Symptomatik durch Veränderungen in der Luftschadstoffkonzentration lässt sich durch Zeitreihenuntersuchungen bearbeiten. Zielgrößen der Untersuchungen sind auf der Expositionsseite zumeist SO_2, Ozon und Feinstaub und auf der Erkrankungsseite Indikatoren wie asthmabedingte Krankenhausaufnahmen, Notfallaufnahmen, Medikamentenverbrauch oder Beschwerdehäufigkeit. Derartige Untersuchungen liegen aus Kanada, den USA und Europa vor. Insgesamt bestätigen die Studien eine Beziehung zwischen einer kurzfristigen, auch täglichen, Zunahme von Schadstoffkonzentrationen und einer Verschlechterung des klinischen Zustands von Asthmatikern. Dabei zeigen sich deutliche Beziehungen zu den zeitlichen Schwankungen der Konzentration von SO_2 und Feinstaub, aber kaum hinsichtlich Ozon (für Einzelheiten und die jeweiligen Fundstellen siehe BRAUN-FAHRLÄNDER [11]).

Die *Allergie*-Symptomatik kann auf zweierlei Weise durch Luftschadstoffe moduliert werden: erstens kann durch eine vorausgegangene Exposition zum Beispiel gegenüber Dieselrußpartikel die allergene Wirkung einer folgenden Pollenexposition vervielfacht werden. Es wurden um das 50-fache verstärkte IgE-Konzentrationen in der Nasenspülflüssigkeit beobachtet (siehe hierzu auch den letzten Teil des Abschnittes »Innenraumbelastungen« zur »Hygienehypothese«). Zweitens können offenbar Luftschadstoffe direkt physikalisch beziehungsweise chemisch mit Pollen wechselwirken und deren allergene Wirkung erhöhen (Einzelheiten auch hierzu in BRAUN-FAHRLÄNDER [11]).

Innenraumbelastungen

Bei der Innenraumbelastung spielen biologische Allergenquellen (Milben, Haustiere, Pilze und Bakterien, Schimmel, Schaben) eine herausragende Rolle [5]. Als Kofaktoren sind für Innenräume spezifische Schadstoffe, darunter in erster Linie Zigarettenrauch, beteiligt. Auch in diesem Bereich ist die Unterscheidung zwischen Induktion und Verstärkung allergischer Krankheiten zu beachten.

Biologische Allergene

Hausstaubmilben beziehungsweise deren Exkremente sind unter den biologischen Allergenen der herausragende Risikofaktor für die Herausbildung einer allergischen Sensibilisierung im Kindesalter [3, 77]. In den Wohnungen von Kindern, die innerhalb ihrer ersten drei Lebensjahre nachgewiesenermaßen sensibilisiert waren, wurden signifikant höhere Konzentrationen von Hausstaubmilben (und Katzenallergenen, siehe unten) gefunden als in den Wohnungen nicht sensibilisierter Kinder. Darüber hinaus wurde beobachtet, dass bei Vorliegen einer atopischen Familienvorgeschichte die für eine Sensibilisierung erforderliche Allergendosis wesentlich geringer ist als bei Kindern ohne eine derartige familiäre Vorgeschichte [42, 83]. Teilweise konnte gezeigt werden, dass vergleichsweise einfache Präventionsstrategien (zum Beispiel für Milben undurchlässige Matratzenbezüge) zur Verringerung der Allergenkonzentration und zur Senkung der Prävalenz von Sensibilisierungen führt [4]. Insgesamt ist hinsichtlich der Effektivität von Präventionsmaßnahmen die Datenlage derzeit aber noch inkonsistent [25].

Katzenallergene gelten hierzulande als die zweitwichtigste Allergengruppe, die eine Sensibilisierung im frühkindlichen und Kindesalter hervorruft. Die für Milben berichteten Befunde gelten analog auch für Katzenallergene [83]. Allerdings fanden diese Autoren, dass bei niedrigen Allergendosen die Dosis-Wirkungs-Beziehung einer Sensibilisierung für Katzenallergene steiler verläuft als für Milbenallergene.

Schimmelpilze führen bei etwa 1–10 % der untersuchten Personen zu Reaktionen im Hauttest. Bei Atopikern ist der Anteil wesentlich höher (etwa 27 %). Die Zahl der epidemiologischen Studien zu diesen Allergenen ist vergleichsweise gering [84].

Andere Allergene, wie zum Beispiel von Mäusen, Hamstern und Vögeln, können zwar auch ein Risikofaktor für eine Sensibilisierung darstellen, spielen aber in ihrer quantitativen Bedeutung eine untergeordnete Rolle. Zimmerpflanzen streuen im Allgemeinen keine Pollen und stellen insofern kein Allergierisiko dar. Bei der relativen Bedeutung der Allergene untereinander spielen anscheinend geographische Unterschiede eine Rolle. Beispielsweise wird in den USA einer Exposition gegenüber Kakerlakenallergenen eine nicht unerhebliche Bedeutung beigemessen, die jedoch hierzulande eine vernachlässigbare Größe darstellt [84].

Man kann auf der Grundlage dieses Wissensstandes die Frage nach in Innenräumen relevanten biologischen Allergenbelastungen auch aus dem Blickwinkel günstiger Voraussetzungen für die Herausbildung hoher Allergenkonzentrationen stellen. Die Antworten beschreiben dann Wohnbedingungen, unter denen Hausstaubmilben oder Schimmelpilze in erhöhter Konzentration auftreten: hohe relative Luftfeuchtigkeit, niedrige Raumtemperatur, geringer Luftaustausch; bestimmte Eigenschaften von Teppichen (Wollteppiche) und Möbeln (Polstermöbel); Waschtemperaturen (unter 60° C) und Eigenschaften von Staubsaugern (ohne geeignete Filter und einfachwandige Beutel) und andere (siehe hierzu Wahn und Wichmann [84]). Auch zu diesen Faktoren gibt es hierzulande Untersuchungen über regionale Unterschiede, die in der gerade genannten Quelle zusammenfassend zitiert sind. Diese Herangehensweise führt zu nahe liegenden Schlussfolgerungen hinsichtlich geeigneter Präventionsmaßnahmen.

Bedingt durch die sich veränderten Techniken des Hausbaus, die die Prävalenz von Hausstaubmilben begünstigen, könnte daher in diesem Bereich die Exposition gegenüber Allergenen zunehmen und eine wachsende Prävalenz von Allergien erklären. In den nordischen Ländern beispielsweise waren in der Vergangenheit Hausstaubmilben nahezu unbekannt, doch wird aus diesen Ländern ebenfalls von einem vermehrten Auftreten berichtet [7]. Bei den australischen und neuseeländischen Ureinwohnern, die bis Mitte des 20. Jahrhunderts unter sehr einfachen Verhältnissen lebten, waren Milbenallergien bis dahin unbekannt. Sie stellten sich parallel zu einer Adaption westlicher Lebensverhältnisse einschließlich der Hausbautechniken (Dämmungen) und Inneneinrichtungen (Teppiche) ein [58]. Ob allein dieser Aspekt westlichen Lebensstils für die zunehmende Allergieprävalenz in diesen Bevölkerungsgruppen maßgeblich ist, lässt sich mit den in der zitierten Arbeit gesammelten Daten allerdings nicht schlüssig belegen.

Schadstoffbelastungen

Als relevante Schadstoffbelastungen in Innenräumen werden im Wesentlichen diskutiert: Zigarettenrauch, Verbrennungsprodukte, die beim Kochen und Heizen innerhalb der Wohnung entstehen, sowie Formaldehyd, Lösungsmittel und andere flüchtige organische Verbindungen.

Zigarettenrauch ist der bei weitem bedeutendste einzelne Umweltrisikofaktor für allergische Erkrankungen. Es gibt kaum eine Außenluftschadstoffbelastung, die an die Innenraumbelastung eines Raumes heranreicht, in dem geraucht wird [7]. Die Folgen einer Zigarettenrauchbelastung sind weit gefächert. So beobachtete man höhere IgE-Titer im Nabelschnurblut von Kindern rauchender Mütter im Vergleich zu den Kindern nicht rauchender Mütter. Der Unterschied setzt sich in den folgenden Jahren in einem unterschiedlichen Risiko für eine allergische Erkrankung fort [44]. Zigarettenrauch verstärkt auch die Asthma-Symptomatik bei Kindern [47, 70]. Demnach sind etwa 7, 5 % der Asthmaerkrankungen unter den 7.578 Kindern einer Querschnittstudie in den USA dem mütterlichen Rauchen, das heißt Passivrauchen der Kinder, zuzuschreiben. Insgesamt erscheint die Evidenz als gesichert, dass kindliches Passivrauchen die Entwicklung von Asthma fördern kann [77]. Hinsichtlich der Entwicklung einer atopischen Sensibilisierung sind die Ergebnisse dagegen bisher widersprüchlich.

Stickstoffdioxid entsteht bei unvollständigen Verbrennungsprozessen, wie sie beim Kochen mit Gas sowie Heizen mit Gas- oder Ölöfen innerhäuslich auftreten können. Auch Tabakrauch enthält Stickstoffdioxid. Ein konsistenter Zusammenhang zu allergischen Reaktionen konnte bisher nicht gezeigt werden [59, 84].

Partikel entstehen bei der Verbrennung von Holz und Kohle in Öfen und Kaminen und gelangen bei unzureichendem Rauchabzug in die Wohnräume (zur Belastung der Außenluft mit Partikeln siehe oben). Auch hier konnten konsistente Zusammenhänge bisher nicht gezeigt werden. Mehrere Studien weisen auf ein vermindertes Allergierisiko bei Kindern hin, die auf Bauernhöfen aufgewachsen sind im Vergleich zu in städtischer Umgebung aufgewachsenen Kindern. Da auf Höfen häufiger mit Holz geheizt und gekocht wird als in Städten, in denen eher Öl und Gas zum Heizen beziehungsweise Kochen verwendet werden, könnte das Ergebnis so gedeutet werden, dass die Partikelexposition ein geringes, die Exposition gegenüber den Verbrennungsprodukten von Öl und Gas dagegen ein bedeutenderes Risiko darstellt. Tatsächlich spielen jedoch bei diesen Studien eine Vielzahl von Expositionsmöglichkeiten eine Rolle, und es gibt deutliche Belege dafür, dass der geschilderte Unterschied durch andere Effekte zu erklären ist (siehe unten und VON MUTIUS [77]).

Formaldehyd entweicht Spanplatten, Lacken und Farben, Teppichen und Vorhängen und ist Bestandteil von Tabakrauch. Seine reizende Wirkung auf Schleimhäute ist unumstritten, ebenso eine allergene Wirkung bei Aufbringen auf die Haut als Bestandteil von Lösungen oder Cremes. Eine allergene Wirkung bei Inhalation ist dagegen nicht nachgewiesen [84].

Die »Hygiene-Hypothese«

Wie oben bereits erwähnt, bot sich nach der deutschen Wiedervereinigung die einzigartige Gelegenheit, die »Umwelthypothese« einem Test auf ihre Richtigkeit zu unterziehen. In einigen Regionen Ostdeutschlands war die Schadstoffbelastung der Luft erheblich höher als in Westdeutschland, wurde jedoch im Rahmen wirtschaftspolitischer und umweltpolitischer Maßnahmen vergleichsweise rasch zurückgeführt. Der Hypothese zufolge sollte in diesen Regionen die Prävalenz von Allergien höher als in vergleichbaren Regionen Westdeutschlands sein, aber in Folge der eingeleiteten Maßnahmen zurückgehen. Entsprechende vergleichende Untersuchungen wurden daher zeitnah begonnen.

Das in den folgenden Jahren zusammengetragene Beobachtungsmaterial stand indessen im Gegensatz zu diesen Annahmen. Es zeigte sich, dass Heuschnupfen und Rhinitis in dem ostdeutschen Studienort Leipzig eine niedrigere Prävalenz aufwiesen als in dem westdeutschen Studienort München [78]. Eine 1995/96 nach denselben Methoden durchgeführte Folgeerhebung unter mehr als 2.000 Schülern in Leipzig ergab darüber hinaus einen signifikanten Anstieg der Heuschnupfenprävalenz sowie einer atopischen Sensibilisierung [80]. Diese Ergebnisse nährten ernsthafte Zweifel an der Richtigkeit der so genannten Umwelthypothese.

Stattdessen förderten diese Untersuchungen Zusammenhänge zutage, die als Belege für eine ganz andere Erklärung allergischer Krankheiten, die so genannte »Hygiene-Hypothese« anzusehen sind. Im Zentrum dieses Erklärungsansatzes stehen nicht Schadstoffbelastungen der Umwelt, sondern die Dynamik der Auseinandersetzung von Kindern in ihren ersten Lebensjahren mit infektiösen Erregern, Parasiten und antigenen Reizen. Die erstmals von STRACHAN [71] formulierte Hypothese

besagt, dass in Abhängigkeit von den zunehmenden Hygienestandards der westlichen Zivilisation die frühkindliche Exposition gegenüber infektiösen Erregern später oder weniger häufig auftritt als in der Vergangenheit. Die Einstellung des Immunsystems ist dann weniger auf Infektabwehr gerichtet und führt stattdessen zu überschießenden Reaktionen auf an sich ubiquitäre und harmlose Antigene. STRACHAN entwickelte diese Vorstellungen anhand von Beobachtungen, die er an über 17. 000 Kindern gemacht hatte, und bei denen die Familiengröße und die Geburtsreihenfolge der Geschwister eine Rolle spielte: Familiengröße und Allergierisiko standen in dieser Studie in einer inversen Beziehung, und das Allergierisiko war umso höher, je weniger ältere Geschwister die jeweilige Indexperson hatte [71]. Die Ergebnisse ließen sich dahingehend interpretieren, dass in größeren Familien und bei einer größeren Anzahl älterer Geschwister die Kontaktrate und damit die Wahrscheinlichkeit einer Übertragung von Infektionen höher waren. Umgekehrt führten kleinere Familien und weniger frühkindliche Kontakte mit Geschwistern zu einer ungünstigeren Modulation des Immunsystems und damit zu einem erhöhten Allergierisiko.
Mittlerweile liegt eine Vielzahl derartiger Studien aus verschiedenen Ländern vor, die diesen Zusammenhang für Heuschnupfen und atopische Ekzeme, weniger jedoch für Asthma, bei Kindern, Heranwachsenden und Erwachsenen bestätigen (Übersicht mit Literaturangaben siehe VON MUTIUS [77]). Es muss jedoch angemerkt werden, dass es für diese Beobachtung auch andere Erklärungen als die hygienischen Verhältnisse geben könnte, zum Beispiel sich mit der Zahl der Geburten verändernde pränatale immunologische ‚Umweltbedingungen', die Auswirkungen auf die spätere Entwicklung der Immunkompetenz haben könnten.

Die vergleichenden deutschen Studien bezogen jedoch noch einen weiteren Faktor mit ein: KRÄMER et al. [40] fanden, dass das Risiko, in der späteren Kindheit an einer Allergie zu erkranken, in einer inversen Beziehung zu dem Alter bei Eintritt in eine *Kinderkrippe (Kindergarten)* stand. Auch dieser Befund lässt sich dahingehend interpretieren, dass ein früher Kontakt mit anderen Kindern und die damit verbundene erhöhte Wahrscheinlichkeit von Infekten zu einem verminderten Allergierisiko beitragen. Hierbei handelt es sich also nicht um Kinder derselben Mutter, und gleichwohl bleibt die inverse Beziehung bestehen. Ähnliche Beobachtungen wurden auch in anderen Ländern und bezüglich kindlichen Asthmas gemacht [33].

Häufig wird in derartigen Studien die Erkrankung an einer Allergie durch einen Fragebogen erfragt, wobei die Richtigkeit der Angaben unterstellt wird. Analoge Ergebnisse zeigten sich jedoch auch bei objektivierten Verfahren. VON MUTIUS et al. [79]

fanden eine linear abfallende Beziehung zwischen der Hautreaktion im Pricktest bei in Leipzig und Halle (2.623 Kinder im Alter von 9–11 Jahren) sowie in München (5.030 Kinder gleichen Alters) untersuchten Kindern und der Anzahl der in der Familie aufgewachsenen Geschwister.

In den Folgejahren wurde die Fragestellung auf weitere Indikatoren frühkindlicher Auseinandersetzung mit infektiösen Erregern ausgeweitet. Eine Reihe von Studien konnte zeigen, dass ein Aufwachsen in einem landwirtschaftlichen Umfeld mit einem entsprechenden Kontakt zu Tieren sowie dem Konsum von Rohmilch im Untersuchungsalter von 6–13 Jahren mit einer deutlich niedrigeren Häufigkeit an Asthma, Heuschnupfen und atopischer Sensibilisierung verbunden war als bei Vergleichskindern, die in einer anderen Umgebung aufgewachsen waren ([63], dort weitere Literatur). Die zitierte Arbeit beruhte auf einer Befragung und auf einer Messung von spezifischem IgE im Serum. Beide Methoden zeigten konsistent das beschriebene Ergebnis. Ownby et al. [56] untersuchten eine Exposition gegenüber Katzen und Hunde im ersten Lebensjahr und fanden in analoger Weise ein im Untersuchungsalter von 6–7 Jahren vermindertes Risiko für eine allergische Sensibilisierung.

Alle diese Befunde können als Hinweis auf die Bedeutung einer frühen Auseinandersetzung mit den betreffenden Allergenen oder mit infektiösen Erregern für die Entwicklung der Immunkompetenz gedeutet werden. Bei den erstgenannten Befunden muss allerdings beachtet werden, dass der Kontakt zu Stalltieren auch lediglich Indikator für eine Exposition gegenüber im landwirtschaftlichen Umfeld prävalenten sonstigen immunogenen Faktoren sein könnte [77].

Matricardi et al [46] führten serologische Untersuchungen hinsichtlich der Exposition von Personen gegenüber bestimmten fäkaloral übertragenen Pathogenen durch, die als Indikatoren für hygienische Bedingungen angesehen werden können (Hepatitis A, Toxoplasma gondii, Helicobacter pylori) und fanden ein um mehr als 60 % vermindertes Atopierisiko bei seropositiven im Vergleich zu seronegativen Personen (siehe auch [81, 98]).

Der »Hygiene-Hypthese« wurde einige Jahre nach ihrer ersten Formulierung mit einem immunologischen Konzept ein theoretisches Fundament gegeben. Im Zentrum der so genannten »Th2-Hypothese« steht die Tatsache, dass die Aktivierung einer Immunreaktion stets durch T-Zellen vermittelt wird, wobei die beiden wichtigen Stränge der Immunabwehr, die zelluläre, T-Zell-vermittelte, und die humorale, B-Zell-vermittelte, offenbar von zwei Subtypen von T-Zellen, den so genannten Th1-Zellen (zelluläre Abwehr) und den so genannten Th2-Zellen (humorale Abwehr) protegiert werden. Allergische Reaktionen entwickeln sich demnach auf der Schiene Antigen-Kontakt,

Th2-Zell-vermittelte Immunreaktion, erhöhte Produktion von IgE durch B-Zellen. Eine verspätete oder ungenügende Auseinandersetzung des frühkindlichen Immunsystems, das in der pränatalen Phase primär auf Th2-Zell-vermittelte Immunreaktionen ausgerichtet ist, führt zu einer mangelnden Ausformung Th1-Zell-vermittelter Immunantworten und damit im späteren Leben zu einer Dominanz Th2-Zell-vermittelter Immunantworten auf antigene Einflüsse [65, 66].

Aus diesem Konzept ergeben sich weitere testbare Hypothesen. So müsste eine kindliche Erkrankung an Masern oder eine frühe Auseinandersetzung mit Tuberkuloseerregern zu einem verminderten Allergierisiko beitragen. Beide Erreger induzieren eine starke Th1-Zell-vermittelte Immunantwort und sollten daher zu einer Modulation des Immunsystems in Richtung Th1-vermittelter Antworten beitragen. Tatsächlich fanden einige Autoren Assoziationen in dieser Richtung, die von anderen jedoch nicht bestätigt werden konnten. Die Befundlage ist daher zur Zeit inkonsistent; sie ist ausführlich diskutiert in von Mutius [81]. Immerhin konnte jedoch gezeigt werden, dass im Rahmen einer Behandlung von Tuberkulose, bei der vermutlich Th1-vermittelte Reaktionen auftreten, die Serum-IgE-Konzentrationen abnehmen [1].

Es gibt jedoch noch weitere Inkonsistenzen in der »Hygiene-« beziehungsweise »Th2-Hypothese«. Yazdanbaksh et al. [98] weisen darauf hin, dass Typ-1-Diabetes ebenfalls mit Th1-Zell-vermittelten Reaktionen einhergeht. Bisher gibt es jedoch keine Hinweise auf eine verminderte Atopiehäufigkeit bei Typ-1-Diabetikern. Insgesamt nähmen, so die Autoren, die Th1-vermittelten Autoimmunkrankheiten ebenso zu wie die atopischen Krankheiten.

Die allergieverstärkende Wirkung bestimmter Schadstoffe, darunter auch Dieselrußpartikel, fügt sich indessen gut in dieses Konzept ein. Es konnte gezeigt werden, dass diese Stoffe Immunreaktionen in Richtung Th2 triggern [53].

»Westlicher Lebensstil«

Eine Reihe weiterer Befunde sprechen für die Notwendigkeit einer Erweiterung des Erklärungskonzepts über den Bereich der Auseinandersetzung mit infektiösen Erregern hinaus. von Mutius et al. [80] fanden in dem bereits erwähnten deutschen Ost-West-Vergleich als einen möglichen Faktor für den beobachteten Anstieg der Prävalenz kindlichen Asthmas und kindlicher Allergien in Ostdeutschland das sich ändernde Ernährungsverhalten, möglicherweise speziell die erhöhte Zufuhr mehrfach ungesättigter Fettsäuren. Ähnliche Ergebnisse wurden auch von anderen Autoren berichtet [49].

Die Veränderung der infektepidemiologischen Verhältnisse, wie sie mit der

‚Hygiene-Hypothese' beschrieben werden, sind daher möglicherweise ein wichtiger Aspekt eines an sich jedoch breiteren Musters sich verändernder Lebensbedingungen, das häufig allgemein als »westlicher Lebensstil« bezeichnet wird.

Dieses Erklärungsmodell taucht auch bei anderen Krankheiten, zum Beispiel Krebskrankheiten auf, und weist auf möglicherweise vorhandene gemeinsame Mechanismen hin [53]. Speziell für kindliche akute Leukämien gibt es ebenfalls eine »Hygiene-Hypothese« [27, 28] und auch für Lymphome unter Erwachsenen gibt es Hinweise, die diese Hypothese zumindest teilweise unterstützen [6].

Molekulargenetische Faktoren

Die Vererbung der atopischen Disposition innerhalb von Familien weist darauf hin, dass die beobachteten Unterschiede in der Empfänglichkeit zwischen verschiedenen Personen zu einem nicht unerheblichen Teil in der genetischen Ausstattung verankert sind, und eine Suche nach Variationen in diesem Bereich aussichtsreich sein könnte. Tatsächlich zeigte die Genomforschung der letzten Jahre eine beträchtliche interpersonelle Variation in den DNA-Sequenzen. Dabei wird davon ausgegangen, dass für deren überwiegenden Teil so genannte »single nucleotide polymorphisms« (SNPs), das heißt Unterschiede in einzelnen Basenpaaren verantwortlich sind.

Im Jahr 2001 waren bereits mehr als 1,4 Millionen SNPs im gesamten Genom bekannt, das sind durchschnittlich 1 SNP je 1. 900 Basenpaare [67]. Es wird geschätzt, dass insgesamt etwa 17 Millionen SNPs gefunden werden, das heißt ungefähr sechs pro Gen [16]. Die Mehrheit davon sind in so genannten »nicht-kodierenden« Regionen der DNA angesiedelt. Allerdings konnte und kann für eine zunehmende Zahl eine funktionelle Relevanz nachgewiesen werden, das heißt gezeigt werden, dass die Änderung in dem betreffenden Basenpaar zu einer Veränderung der Struktur oder der Quantität des durch das betreffende Gen kodierten Proteins führt. Für eine wachsende Zahl von SNPs gibt es darüber hinaus bereits Hinweise auf Assoziationen mit unterschiedlichen Krankheiten [73, 82].

Die gefundenen Genvarianten können dabei auf zweierlei Weise verwendet werden: erstens können sie als Marker bei der Suche nach für die Krankheitsentstehung relevanten Genen in Anspruch genommen werden (siehe zum Beispiel Wjst et al. [91]). Alternativ dazu kann zweitens in bereits als krankheitsrelevant bekannten Genen (sog. »Kandidatengenen«, siehe zum Beispiel Anderson und Cookson [2]) gezielt nach Polymorphismen gesucht werden, die als funktionell relevant bekannt sind, und bei denen überprüft wird, ob sie möglicherweise das Erkrankungsrisiko beeinflussen.

Die Suche nach Variationen in der genetischen Ausstattung, die die unterschiedliche Suszeptibilität gegenüber allergischen Krankheiten in der Bevölkerung erklären könnten, ist aus verschiedenen Gründen wichtig. Zum einen kann man sich dadurch ein besseres Verständnis der Pathogenese allergischer Erkrankungen versprechen. Zum anderen weiß man von anderen Krankheiten, dass derartige Genvarianten in Wechselwirkung mit Umweltfaktoren treten können und dadurch auch geringe Expositionen zu starken Risikoerhöhungen führen können. Das kann die praktische Implikation haben, dass durch bestimmte Genvarianten Hochrisikogruppen innerhalb der Bevölkerung determiniert werden, die ganz besonders suszeptibel gegenüber bestimmten Umweltexpositionen sind, und auf der Grundlage dieser Kenntnisse vielleicht in einer besonderen Weise geschützt werden können beziehungsweise müssen. Diese erst seit relativ kurzer Zeit aufgrund modernster gentechnischer Verfahren möglich gewordene Forschung verspricht daher, neue Erkenntnisse zu liefern, die sowohl für die Prävention als auch die Behandlung allergischer Krankheiten hilfreich sein könnten.

Literatur

[1] Adams J. F. A., Schölvinck E. H., Gie R. P., Potter P. C., Beyers N., Beyers A. D. *(1999). Decline in total serum IgE after treatment for tuberculosis. Lancet 353: 2030-32.*

[2] Anderson G. G., Cookson W. O. C. M. *(1999). Recent advances in the genetics of allergy and asthma. Molecular Medicine Today 5: 264-273.*

[3] Arshad S. H. *(2003). Indoor allergen exposure in the development of allergy and asthma. Curr. Allergy Asthma Reports 3: 115-120.*

[4] Arshad S. H., Bojarskas J., Tsitoura S., Matthews S., Mealy B., Dean T., Karmaus W., Frischer T., Kuehr J., Forster J., *SPACE study group (2002). Prevention of sensitization to house dust mite by allergen avoidance in school age children: a randomized controlled study. Clin. Exp. Allergy 32: 843-849.*

[5] Becher R., Hongslo J. K., Jantunen M. J., Dybing E. *(1996). Environmental chemicals relevant for respiratory hypersensitivity: the indoor environment. Toxicology Letters 86: 155 – 162.*

[6] Becker N. *(2004). Population-based study of lymphoma in Germany: rationale, study design and first results. In Druck, online verfügbar.*

[7] Björkstén B. *(1996). Environmental factors and respiratory hypersensitivity: Experiences from studies in Eastern and Western Europe. Toxicology Letters 86: 93 – 98*

[8] Brabäck L., Kälvesten L. *(1991). Urban living as a risk facot for atopic sensitization in Swedish School-children. Pediatr. Allergy Immunol. 113(1-3): 69-74.*

[9] Brabäck L., Breborowicz A., Dreborg S., Knutsson A., Pieklik H, Bjorksten B. *(1994). Atopic sensitization and respiratory symptoms among Polish and Swedish school children. Clin Exp. Allergy 24(9): 826-835.*

[10] Braun-Fahrländer C., Wütherich B., Gassner M., Grize L., Neu U., Varonier H. S. et al. *(1999b). Prävalenz und Risikofaktoren einer allergischen Sensibilisierung bei Schulkindern in der Schweiz. Allergologie 22(1): 54 – 64.*

[11] Braun-Fahrländer C. *(2001). Bedeutung von Luftschadstoffen für die Entstehung von allergischen Erkrankungen. In: Bayerische Akademie der Wissenschaften (Ed.) (2001). Rundgespräche der Kommission für Ökologie, Bd. 21 Allergie, eine Zivilisationskrankheit? S. 61-71. Verlag Dr. Friedrich Pfeil, München.*

[12] Brostoff J., Challacombe S. J. *(2002). Food allergy and intolerance. Saunders, London – Edinburgh – New-York.*

[13] Charpin D., Pascal S., Birnbaum J., Armengaud A., Sambuc R., Laneaume A. et al. *(1999). Gaseous air pollution and atopy. Clin Exp. Allergy 29(11): 1474 – 1480.*

[14] Ciccone G., Forastiere F., Agabiti N., Biggeri A., Bisanti L., Chellini E. et al. *(1998). Road traffic and adverse respiratory effects in children. SIDERIA Collaborative Group. Occup. Environ. Med. 55(11): 771 – 778.*

[15] Cogswell J. J., Mitchell E. B., Alexander J. *(1987). Parental smoking, breast feeding and respiratory infection in development of allergic disease. Arch. Dis. Child. 62: 338 – 344.*

[16] Collins A, Brooks LD, Chakravarti A *(1998). A DNA Polymorphism Discovery Resource for Research on Human Genetic Variation. Genome Research 8:1229-1231.*

[17] Corbo G. M., Forastiere F., Dell'Orco V., Pistelli R., Agbitti N., De Stefanis B. et al. *(1993). Effects of environment on atopic status and respiratory disorders in children.*
J. Allergy Clin Immunol. 92(4): 616 – 623.

[18] Crimi P., Boidi M., Minale P., Tazzer C., Zandi S., Ciprandi G. *(1999). Differences in prevalence of allergic sensitization in urban and rural school children. Ann. Allergy Asthma Immunol. 83(3): 252 – 256.*

[19] Dockery D. W., Speizer F. E., Stram D. O., Ware J. H. Spengler J. D., Ferris Jr. B. G. *(1989). Effects of inhalable particles on respiratory health of children. Am Rev. Respir Dis. 139(3): 587 – 594.*

[20] Duffy D. L., Martin N. G. Battistutta D., Hopper J. L., Mathews J. D. *(1990). Genetics of asthma and hay fever in Australian twins. Am. Rev. Respir. Dis. 142: 1351-1358.*

[21] Duhme H., Weiland S. K., Keil U., Krämer B., Schmid M., Stender M. et al. *(1996). The association between self-reported symptoms of asthma and allergic rhinitis and self-reported traffic density on street of residence in adolescents. Epidemiology 7(6): 578 – 582.*

[22] Eis D. *(2001). Epidemiologische Studien zu Kinderumwelt und -gesundheit in Deutschland:Status, Defizite, Handlungsvorschläge. In: Robert Koch-Institut und Deutsche Akademie für Kinderheilkunde und Jugendmedizin (Hrsg.). Kinderumwelt und Gesundheit, Kap. 3. 14, S. 80–130. Robert Koch-Institut, Berlin.*

[23] English P., Neutra R., Scalf R., Sullivan M., Waller L., Zhu L. *(1999). Examining associations between childhood asthma and traffic flow using a geographic information system. Environ. Health Perspect. 107(9): 761–767.*

[24] European Community Respiratory Health Survey (ECRHS) *(1996). Variations in the prevalence of respiratory symptoms, self-reported asthma attacks, and use of asthma mediators in the European Community Respiratory Health Survey (ECRHS). Eur. Res. J. 9: 687-695.*

[25] Fernández-Caldas E. *(2002). Dust mite allergens : mitigation and control. Curr. Allergy Asthma Reports 2 : 424-431.*

[26] Guo Y. L., Lin Y. C., Sung F. C., Huang S. L., Ko Y. C., Lai J. S. et al. *(1999). Climate, traffic-related air pollutants, and asthma prevalence in middle-school children in Taiwan. Environ. Health Perspect. 107(12): 1001 – 1006.*

[27] Greaves MF *(1988). Speculations on the cause of childhood acute lymphoblastic leukemia. Leukemia 2(2):120-125.*

[28] Greaves MF *(1997). Aetiology of acute leukaemia. Lancet 349:344-9.*

[29] Heinrich J., Hölscher B., Wjst M., Ritz B., Cyrys J, Wichmann H. E. *(1999). Respiratory diseases and allergies in two polluted areas in East Germany. Environ. Health Perspect. 107(1): 53 – 62.*

[30] Heinzmann A, Deichmann KA *(2001). Genes for atopy and asthma. Curr Opin Allergy Clin Immunol 1: 387-392*

[31] Hirotaka I., Shunkichi B., Kazumori M. *(1996). Connection between Nox and Sox collected from the Japanese cedar tree and pollinosis. Acta Otolaryngol. Suppl 525: 79-84.*

[32] Hirsch T., Weiland S. K. von Mutius E., Safeca A. F., Grafe H. Csaplovics E. et al. *(1999). Inner city air pollution and respiratory helath and atopy in children. Euro. Respir. J. 14(3): 669 – 677.*

[33] Infante-Rivard C., Amre D., Gautrin D., Malo J-L. *(2001). Family Size, Day-Care Attendance, and Breastfeeding in Relation to the Incidence of Childhood Asthma. Am J Epidemiol 153: 653-8.*

[34] Ishizaki T., Koizumi K., Ikemori R., Ishiyama Y., Kushibiki E. *(1987). Studies of prevalence of Japanese cedar pollinosis among the residents in a densely cultivated area. Annals of Allergy 58: 265 – 270.*

[35] The International Study of Asthma and Allergies in Childhood (ISAAC) Steering Committee *(1998). Worldwide variation in prevalence of symptoms of asthma, allergic rhinoconjunctivities, and atopic eczema: ISAAC. The Lancet 351: 1225-1232.*

[36] Jarvis D., Burney P. *(1998). ABC of allergies. The epidemiology of allergic disease. BMJ 316: 607-610.*

[37] Kjellman M., Andrae S., Croner S., Hattevig G., Fälth Magnusson K., Björkstén B. *(1988). Epidemiology and prevention of allergy. Immunol. Allergy Practice (1988) 10: 393-400.*

[38] Klimek L., Riechelmann H., Saloga, Mann W., Knop J. *(1997). Allergologie und Umweltmedizin. Schattauer, Stuttgart – New-York.*

[39] Krämer U., Behrendt H., Dolgner R., Ranft U., Ring J., Willer H. et al. *(1999a). Airway disease and allergies in East and West German children during the first 5 years after reunification: time trends and the impact of sulphur dioxide and total suspended particles. Int. J. Epidemiol. 28(5): 865 – 873.*

[40] Krämer U., Heinrich J., Wjst M., et al. *(1999b). Age of entry to day nursery and allergy in later childhood. Lancet 353: 450-4.*

[41] Krämer U., Koch T., Ranft U., Ring J., Behrendt H. *(2000). Traffic-related air pollution is associated with atopy in children living in urban areas. Epidemiology 11(1): 64 – 70.*

[42] Lau S., Illi S., Sommerfeld C., Niggemann B., Bergmann R., von Mutius E., Wahn U., Multicentre Allergy Study Group *(2000). Early exposure to house-dust mite and cat allergens and development of childhood asthma: a cohort study. Lancet 356: 1392-97.*

[43] Lewis S. *(1998). ISAAC – a hypothesis generator for asthma? The Lancet 351: 1220-1221.*

[44] Magnusson C. G. *(1986). Maternal smoking influences cord serum IgE and IgD levels and increases the risk for subsequent infant allergy. J. All. Clin Immunol. 78: 898 – 904.*

[45] Marsh D. G., Meyers D. A., Bias W. B. *(1981). The epidemiology and genetics of atopic allergy. New Engl. J. Med. 305: 1551-1559.*

[46] MATRICARDI P. M., ROSMINI F., RIONDINO S., FORTINI M., FERRIGNO L., RAPICETTA M., BONINI S. *(2000). Exposure to foodborne and orofecal microbes versus airborne viruses in relation to atopy and allergic astma: epidemiological study. BMJ 320: 412-417.*

[47] MURRAY A. B., MORRISON B. J. *(1986). The effect of cigarette smoke from the other on bronchial responsiveness and severity of symptoms in children with asthma J. Allergy Clin Immunol. 77: 575-81.*

[48] NAFSTAD P., HAGEN J. A., ØIE L., ET AL. *(1999). Day care centers and respiratory health. Pediatrics 103: 753-8.*

[49] NAGEL G., NIETERS A., BECKER N., LINSEISEN J. *(2003). The influence of dietary intake of fatty acids and antioxidants on hay fever in adults. Allergy 58: 1277-1284.*

[50] NAKAGOMI T., ITAYA H., TOMINAGA T., YAMAKI M., HISAMATSU S., NAKAGOMI O. *(1994). Is atopy increasing? Lancet 343: 121-122.*

[51] NEWMAN TAYLOR A. J. *(1998). ABC of allergies. Asthma and allergy. BMJ 316: 997-999.*

[52] NYSTAD W., SKRONDAL A., MAGNUS P. *(1999). Day care attendance, recurrent respiratory tract infections and asthma. Int J Epidemiol 28: 882-7.*

[53] O'BYRNE K. J., DALGLEISH A. G., BROWNING M. J., STEWARD W. P., HARRIS A. L. *(2000). The relationship between angiogenesis and the immune response in carcinogenesis and the progression of malignant disease. Europ J Cancer 36: 151-169.*

[54] ODDY W. H., HOLT P. G., SLY P. D., ET AL. *(1999). Association between breast feeding and asthma in 6 year old children: findings of a prospective birth cohort study. BMJ 319: 815-19.*

[55] OSTRO B. D., LIPSETT M. J., WIENER M. B., SELNER J. C. *(1991). Asthmatic responses to airborne acid aerosols. Am. J. Public Health 81: 694-702.*

[56] OWNBY D. R., COLE JOHNSON C., PETERSON E. L. *(2002). Exposure to Dogs and Cats in the First Year of Life and Risk of Allergic Sensitization at 6 to 7 Years of Age. JAMA 288: 963-972.*

[57] PEARCE N., PEKKANEN J., BEASLEY R. *(1999). How much asthma is really attributable to atopy? Thorax 54: 268-272.*

[58] PEAT J. K., TOVEY E., TOELLE B. G., HABY M. M., GRAY E. J., MAHMIC A., WOOLCOCK A. J. *(1996). House dust mite allergens. A major risk factor for childhood asthma in Australia. Am. J. Respir. Crit. Care Med. 153: 141 – 146.*

[59] PIERSON W. E., KOENIG J. Q. *(1992). Respiratory effects of air pollution on allergic disease. The Journal of Allergy and Clinical Immunology 90(4): 557 – 566.*

[60] PLATTS-MILLS T. A. E. *(2002). Paradoxical Effect of Domestic Animals on Asthma and Allergic Sensitization. JAMA 288: 1012-1014.*

[61] PONSONBY A. L., COUPER D., DWYER T., ET AL. *(1998). A cross-sectional study of the relation between sibling number and asthma, hay fever, and eczema. Arch Dis Child 79: 328-33.*

[62] REINHARDT D., HRSG. *(1999). Asthma bronchiale im Kindesalter. Springer-Verlag, Berlin – Heidelberg – New-York.*

[63] RIEDLER J., BRAUN-FAHRLÄNDER C., EDER W., SCHREUER M., WASER M., MAISCH S., CARR D., SCHIERL R., NOWAK D., VON MUTIUS E., ALEX STUDY TEAM *(2001). Exposure to farming in early life and development of asthma and allergy: a cross-sectional survey. Lancet 358: 1129-33.*

[64] RING J., FUCHS T., SCHULTZE-WERNINGHAUS G. *(Hrsg.). Weißbuch Allergie in Deutschland. 2. Auflage. Deutsche Gesellschaft für Allergologie und Klinische Immunologie (DGAI), Ärzteverband Deutscher Allergologen (ÄDA), Deutsche Akademie für Allergologie und Umweltmedizin (DAAU). Medizin & Wissen/Urban & Vogel, München 2004.*

[65] ROMAGNANI S. *(1994). Lymphokine production by human T cells in disease states. Annu Rev Immunol 12: 227-57.*

[66] ROMAGNANI S. *(1998). The Th1/Th2 paradigm and allergic disorders. Allergy 53: 12-15.*

[67] SACHIDANANDAM R ET AL. *(2001). A map of human genome sequence variation containing 1. 42 million single nucleotide polymorphisms. Nature 409:928-933.*

[68] SANDFORD A., WEIR T., PARÉ P. *(1996). The genetics of asthma. Am. J. Respir. Crit. Care Med. 153: 1749-1765.*

[69] SHIMA M., ADACHI M. *(1996). Serum immunoglobulin E and hyaluronate levels in children living along major roads. Arch. Environ. Health 51: 425-430.*

[70] STODDARD J. J., MILLER T. *(1995). Impact of Parental Smoking on the Prevalence of Wheezing Respiratory Illness in Children. American Journal of Epidemiology 141(2): 96 – 102.*

[71] STRACHAN D. P. *(1989). Hay fever, hygiene, and household size. Br Med J 299: 1259-60.*

[72] STUDNICKA M., HACKL E., PISCHINGER J., FANGMEYER C., HASCHKE N., KÜHKR J. ET AL. *(1997). Traffic-related NO_2 and the prevalence of asthma and respiratory smptoms in seven year olds. Eur. Respir. J., 10(10): 2275 – 2278.*

[73] SYVÄNEN A. C. *(2001). Accessing Genetic Variation: Genotyping Single Nucleotide Polymorphisms. Nature (reviews) 2:930-942.*

[74] VAN VLIET P., KNAPE M., DE HARTOG J., JANSSEN N., HARSSEMA H., BRUNEKREEF B. *(1997). Motor vehicle exhaust and chronic respiratory symptoms in exhaus and chronic respiratory smptoms in children living near freeways. Environ Res. 74(2): 122 – 132.*

[75] VARONIER H. S., JEANNERET O. *(1970). Prévalence de la maladie allergique chez les enfants et les adolescents à Genève. Z. Präv. -Med. 15: 475-478.*

[76] VARONIER H. S., DE HALLER J., SCHOPFER C. *(1984). Prévalence de l'allergie chez les enfants et les adolescents. Helv Paediatr Acta 39: 129-36.*

[77] VON MUTIUS E. *(2000). The environmental predictors of allergic disease. J. Allergy Clin Immunol. 106(1): 9 – 19.*

[78] VON MUTIUS E., FRITZSCH C., WEILAND S. K., RÖLL G., MAGNUSSEN H. *(1992). Prevalence of asthma and allergic disorders among children in united Germany: a descriptive comparison. BMJ 305: 1395-9.*

[79] VON MUTIUS E., MARTINEZ F. D., FRITZSCH C., NICOLAI T., REITMEIER P., THIEMANN H. -H. *(1994). Skin test reactivity and number of siblings. BMJ 308: 692-695.*

[80] VON MUTIUS E., WEILAND S. K., FRITZSCH C., DUHME H., KEIL U. (1998). Increasing prevalence of hay fever and atopy among children in Leipzig, East Germany. Lancet 351: 862-66.

[81] VON MUTIUS E. *(2001). Infection: friend or foe in the development of atopy and asthma? The epidemiological evidence. Europ Respiratory J 18: 872-881.*

[82] WAHLSTEDT C, MOTTAGUI-TABAR S *(2003). Human Single Nucleotide Polymorphisms (SNPs): towards utility in research and development. European Pharmaceutical Review 1:23-29.*

[83] Wahn U., Lau S., Bergmann R., Kulig M., Forster J., Bergmann K., Bauer C. P., Guggenmoos-Holzmann I. *(1997). Indoor allergen exposure is a risk factor for sensitization during the first three years of life. J. Allergy Clin. Immunol. 99: 763-769.*

[84] Wahn U., Wichmann H. -E. *(2000). Spezialbericht Allergien. Gesundheitsbericht-erstattung des Bundes / Statistisches Bundesamt. Metzler-Poeschel, Stuttgart.*

[85] Weeke E. R. *(1992). Epidemiology of allergic diseases in children. Rhinology Suppl. 13: 5 – 12.*

[86] Weiland S. K., Mundt K. A., Ruckmann A., Keil U. *(1994). Self-reported wheezing and allergic rhinitis in children and traffic density on streets of residence. Ann. Epidemiol. 4(3): 243 – 247.*

[87] Wieringa M. H., Vermeire P. A., Brunekreef B., Weyler J. J. *(2001). Increased occurrence of asthma and allergy: critical appraisal of studies using allergic sensitization, bronchial hyperresponsiveness and lung function measurements. Clinical and Experimental Allergy 31: 1553-1563.*

[88] Wiesch D. G., Samet J. M. *(1998). Epidemiology and natural history of asthma. In: Middleton E. et al. (eds.). Allergy – Principles and praxis, Vol. II, pp 799-815. Mosby, St. Louis – Baltimore – Boston.*

[89] William E., Pierson M. D., Koenig J. Q. *(1992). Postgraduate course: Respiratory effects of air pollution on allergic disease. The Journal of Allergy and Clinical Immunology 4(1): 557- 566.*

[90] Wilkinson P., Elliott P., Grundy C., Shaddick G., Thakrar B., Walls P. et al. *(1999). Case-control study of hospital admission with asthma in childred aged 5 – 14 years: relation with road traffic in north west London. Thorax 54(12): 1070 – 1074.*

[91] Wjst M., Fischer G., Immervoll T., Jung M., Saar K., Rueschendorf F., Reis A., Ulbrecht M., Gomolka M., Weiss E. H., Jaeger L., Nickel R., Richter K., Kjellmann N. I., Griese M., von Berg A., Gappa M., Riedel F., Boehle M., van Koningsbruggen S., Schoberth P., Szczepanski R., Dorsch W., Silbermann M., Wichmann H. E. et al. *(1999). A genome-wide search for linkage to asthma. German Asthma Genetics Group. Genomics 58: 1 – 8.*

[92] Wjst M., Reitmeir P., Dold S., Wulff A., Nicolai T., von Loeffelholz-Colberg W. F. et al. *(1993). Road traffic and adverse effects on respiratory health in children. Brit. Med. J., 307(6904): 596 – 600.*

[93] Worm M., Benz B. M. *(1999). Molekulargenetische Grundlagen der Allergien: Ansätze für eine molekulare Therapie. In:* Ganten D., Ruckpaul K. *(Hrsg.) Immunsystem und Infektiologie. Handbuch der Molekularen Medizin, Bd. 4, S. 126 – 156. Springer-Verlag, Berlin – Heidelberg – New-York.*

[94] Wüthrich B., Schnyder U. W., Henauer S. A., Heller A. *(1986). Häufigkeit bei Pollinosis in der Schweiz. Aschwiz. Med. Wschr. 116: 909-917.*

[95] Wüthrich B. *(1991). Zur Häufigkeit der Pollenallergie in der Schweiz. In: Ring (1991). Epidemiologie allergischer Erkrankungen – Nehmen Allergien zu? MMV Medizin, München.*

[96] Wüthrich B., Schnyder U. W., Henauer S. A., Heller A. *(1996). Epidemiology of allergic rhinitis (pollinosis) in Switzerland. The prophylaxis of allergic rhinitis Round table conference, 6 May 1986. XIII Congress of the European Academy of Allergology and Clinical Immunology, Budapest, 5-10 May 1986.*

[97] WYLER C., BRAUN-FAHRLÄNDER C., KUNZLI N., SCHINDLER U., ACKERMANN-LIEBRICH U., PERRUCHOUD A. P. ET AL. *(2000). Exposure to motor vehicle traffic and allergic sensitization. The Swiss Study on Air Polution and Lung Diseases in Adults (SAPALDIA) Team. Epidemiology 11(4): 450 – 456.*

[98] YAZDANBAKHSH M., KREMSNER P. G., VAN REE R. *(2002). Allergy, Parasites, and the Hygiene Hypothesis. Science 296: 490-494.*

Zusammenfassung

Bestimmte Allergieformen, insbesondere die atopischen Erkrankungen, unterliegen einer genetischen Disposition. Da sich die Erbanlagen innerhalb kurzer Zeiträume in einer Population nicht wesentlich verändern, muss die in einigen industrialisierten Ländern beobachtete Zunahme der Allergien auf Umweltfaktoren (im weitesten Sinne) zurückzuführen sein. Von besonderer Bedeutung scheinen hierbei frühkindliche immunologische Auseinandersetzungen mit Umweltfaktoren, wie zum Beispiel mikrobiellen Erregern und diversen »Allergenen« zu sein. Ost-West-Vergleichs- und Verlaufsstudien nach der deutschen Wiedervereinigung haben gezeigt, dass Allergien in den neuen Bundesländern anfänglich eher selten waren. Mit den Jahren hat sich die Allergiehäufigkeit dem höheren Prävalenzniveau der alten Bundesländer angenähert. Im Ergebnis dieser Studien wurde deutlich, dass der »westliche Lebensstil« eine freilich sehr komplexe Risikokonstellation für allergische Erkrankungen darstellt. Dagegen scheint die allgemeine Luftschadstoffbelastung nach bisheriger Erkenntnis nur einen geringen Einfluss auf die Induktion von Allergien auszuüben. Bei bereits bestehenden allergischen Erkrankungen sind jedoch negative Auswirkungen von Luftschadstoffen bezüglich der Symptomatik beschrieben worden. Außerdem ist bekannt, dass Luftverunreinigungen zu bronchitischen Beschwerden beitragen können. Kinder von Müttern, die während der Schwangerschaft geraucht hatten, wiesen überdies erhöhte IgE-Spiegel im Nabelschnurblut auf und sie hatten ein erhöhtes Risiko für eine Asthmaerkrankung. Die Bedeutung ultrafeiner Stäube kann derzeit noch nicht genügend eingeschätzt werden.
Insgesamt wirken sich ungünstige Innenraumfaktoren (einschließlich Passivrauchen) und Kraftfahrzeugemissionen zumindest tendenziell nachteilig auf bestehende allergische Atemwegserkrankungen aus, so dass aus gesundheitlicher Sicht eine Reduktion von (erhöhten) Schadstoffbelastungen angestrebt werden sollte.

Sektion 09, Umweltbelastungen und ihre Auswirkungen auf die menschliche Gesundheit

– Formaldehyd
von G. PETZOLD und B. HEINZOW
(Stand: August '00)
– Glykole und Glykolderivate
von H. FROMME
(Stand: Juli '03)
– Pentachlorphenol (PCP)
von B. HEINZOW und W. BUTTE
(Stand: Juli '97)
– Phthalate
von H. FROMME
(Stand: April '99)
– Polychlorierte Biphenyle (PCB)
von D. SCHRENK
(Stand: August '04)
– PCB: Praktische Aspekte
von B. HEINZOW, S. MOHR und M. REITZIG
(Stand: Dezember '98)
– Polychlorierte Dibenzodioxine und Dibenzofurane (PCDD/PCDF)
von J. WUTHE und B. LINK
(Stand: Juli '95)
– Polyzyklische aromatische Kohlenwasserstoffe (PAK)
von H. FROMME
(Stand: Juli '97)
– Terpene
von B. HEINZOW
(Stand: April '00)
– wird fortlaufend ergänzt –
Teil 5: Pestizide im Überblick
von V. MERSCH-SUNDERMANN
(Stand: April '95)
– Pyrethroide
von V. MERSCH-SUNDERMANN
(Stand: April '95)
Teil 6: Nitrat, Nitrit, Nitrosamine, Nitrosamide
von F. SCHWEINSBERG und E. SCHWEIZER
(Stand: Juli '97)
– wird fortlaufend ergänzt –

– Hausstaub
von W. Butte, B. Heinzow, D. Hensen und G. Petzold
(Stand: April '01)
Teil 3: Trinkwasser
von L. Müller
(Stand: April '00)
Teil 4: Boden
von R. Konietzka und F. Rück
(Stand: März '03)
Teil 5: Badegewässer und Gesundheit
von H. Fromme und A. Köhler
(Stand: August '00)
Teil 7: Nahrungsmittel
– Anorganische Stoffe in Lebensmitteln
von E. Wins und M. Wilhelm
(Stand: März '96)
– Organische Stoffe und Zusatzstoffe in Lebensmitteln
von H. Kruse
(Stand: Oktober '02)
Teil 8: Gebrauchsgegenstände
– Bekleidungstextilien
von R. Krätke und T. Platzek
(Stand: März '04)
– Bekleidungstextilien; Anhang: Hautkrankheiten durch Textilien
von K.-P. Peters und A. Heese
(Stand: August '01)
– Pestizide in Teppichwaren
von B. Wildeboer
(Stand: April '95)
– Kosmetische Mittel: Gesetzliche Bestimmungen
von A. Schleusener
(Stand: Juli '95)
– Nebenwirkungen kosmetischer Mittel
von A. Schnuch
(Stand: Juli '95)

09.06 Komplexe Umwelteinwirkungen

Teil 1: Kraftfahrzeugverkehr
von H. FROMME
(Stand: April '98)

Teil 2: Kohlekraftwerke und Hausbrand
von A. HELLWIG und O. HERBARTH
(Stand: April '94)

Teil 3: Schadstoffbelastung durch Brände
von W. CLEMENS
(Stand: November '97)

Teil 4: Emissionen aus Anlagen zur Abfallbehandlung und -beseitigung
von H. RÜDEN, H. SCHLEIBINGER und U. HOTT
(Stand: Januar '02)

Teil 6: Industrie- und Umweltgerüche
von B. STEINHEIDER
(Stand: April '98)

Teil 7: Kleingewerbe und industrielle Anlagen
von H. SAGUNSKI
(Stand: April '95)

Teil 8: Klima
von G. LASCHEWSKI und G. JENDRITZKY
(Stand: Juli '03)

Chemische Faktoren
Teil 4: Organische Stoffe – Polychlorierte Biphenyle (PCB)

Polychlorierte Biphenyle sind ubiquitär vorhanden und zählen zu den persistenten Umweltkontaminanten. Hauptsächliche Quelle für den Menschen stellt die Nahrung dar, wobei regelmäßig besonders hohe Gehalte in Fischen gefunden werden. Die generelle Belastungssituation hat sich in den zurückliegenden Jahren stark verbessert, was vor allem auf das Verbot der Herstellung und Verwendung von PCB und auch auf allgemeine Maßnahmen zur Luftreinhaltung zurückgeführt wird. Dennoch kann es aufgrund von lokalen Kontaminationen, lokal zu erhöhten Belastungen kommen.

Stichworte: Chemie, Vorkommen, Aufnahmemengen: Belastungspfade. Toxikologie (Tierexperimente): toxische Potenz verschiedener PCB, Metabolismus, Tumorpromotion, akute Toxizität, subakute und chronische Toxizität, Teratogenität. Toxikologie (Mensch): Yusho-Krankheit, Yu-Cheng-Krankheit, Tumorpromotion, Teratogenität. Diagnostisches Vorgehen. Richt- und Grenzwerte, Empfehlungen. Literatur. Zusammenfassung.

D. Schrenk

Chemie, Vorkommen, Aufnahmemengen

Unter den PCB finden sich 209 Einzelverbindungen sog. Kongenere, die sich durch Anzahl beziehungsweise Stellung der Chloratome an den beiden aromatischen Ringen unterscheiden. Sie leiten sich vom Biphenyl (Abb. 1) durch Substitution mit Chlor an den Positionen 1 bis 5 des Rings A beziehungsweise 1« bis 5« des Rings B ab. Die einzelnen Kongenere werden nach Ballschmiter und Zell [6] mit Ziffern versehen.

PCB zeichnen sich durch geringe Flüchtigkeit und Wasserlöslichkeit aus, sind jedoch in organischen Lösungsmit-

Dieser Beitrag zeigt Ihnen:
- welche Belastungspfade für den Menschen relevant sind;
- mit welchen gesundheitlichen Beeinträchtigungen durch PCB-Exposition zu rechnen ist;
- welche diagnostischen Möglichkeiten für den Nachweis einer PCB-Belastung vorliegen;
- welche Grenz- und Richtwerte derzeit Gültigkeit haben.

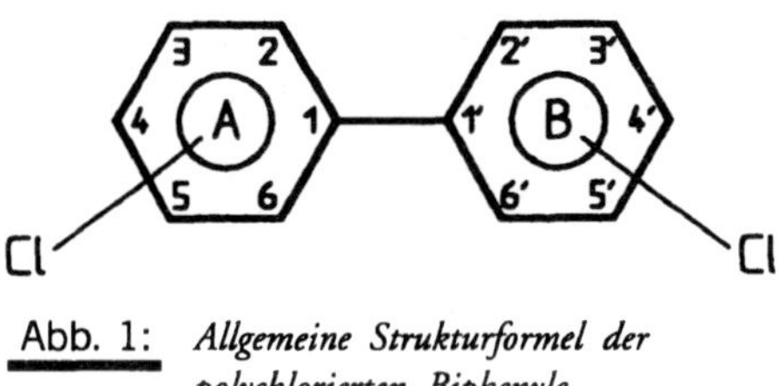

Abb. 1: *Allgemeine Strukturformel der polychlorierten Biphenyle*

teln, Ölen und Fetten mäßig bis gut löslich. Technische PCB-Gemische waren als klare, hochviskose Flüssigkeiten im Handel (in Deutschland als Clophen, in USA als Aroclor, in Japan als Kaneclor) und wurden vor allem wegen ihrer chemischen Stabilität (u. a. schwer entflammbar) vielfältig technisch eingesetzt, etwa als Flammschutzmittel, Schmiermittel, Weichmacher, in Druckfarben, Klebstoffen, Dichtungsmassen etc. Die sog. »geschlossene« Anwendung beschränkte sich auf hydraulische Anlagen (Hydrauliköle), als Flammschutz für Kondensatoren und Transformatoren sowie als Wärmetauscherflüssigkeit. Die technischen PCB-Gemische waren meist mit unterschiedlichen Mengen an polychlorierten Dibenzofuranen (PCDF) verunreinigt.

In den sechziger Jahren zeigte sich die außerordentliche Persistenz das heißt Akkumulation von PCB in der Umwelt. PCB waren in nahezu allen biologischen Proben nachweisbar. In der Bundesrepublik Deutschland (West) wurde 1978 der Einsatz von PCB in »offenen« Systemen untersagt. Seit 1983 ist die gesamte PCB-Produktion eingestellt. Nach der 1989 in Kraft getretenen PCB-Verbotsverordnung dürfen Materialien, die mehr als 50 mg PCB pro kg enthalten, nicht mehr in den Verkehr gebracht werden. Auch der Einsatz importierter PCB ist nicht mehr erlaubt.

Als Reservoir für PCB kommen kontaminierte Böden und Sedimente in Betracht. Ferner muss in (Sonder-)Mülldeponien und älteren Industrieanlagen mit erhöhten PCB-Konzentrationen in Boden, Luft und Abwässern (Sickerflüssigkeit) gerechnet werden.

In Reinluftgebieten werden Konzentrationen von etwa 0,015–0,030 ng/m^3 angegeben, in Ballungsgebieten können Werte von 3–4 ng/m^3 erreicht werden [20]. In der Innenraumluft kann es bei Vorliegen von PCB-Quellen (Altgeräte, Industrieschrott, Baumaterialien, Dichtungsmassen etc.) zu wesentlich höheren Werten (> 100 ng/m^3) kommen [20]. So wurden in einer Studie von Piloty und Köppel [21] in Schulen aufgrund von PCB-haltigen Dichtungsmaterialien (Fugenmassen) Gehalte von bis zu 4.500 ng/m^3 festgestellt. Der Hauptbelastungspfad für den Menschen ist in der Regel die Nahrung. PCB reichern sich in Nahrungsketten an und wurden zum Beispiel in Meeressäugern (Robben, Wale) in relativ hohen Konzentrationen (zum Beispiel 160 mg/kg Fett) gefunden. Die Hauptquellen der menschlichen Belastung mit PCB durch die Nahrung sind Fisch, Milch und Milchprodukte und andere

Lebensmittel tierischer Herkunft. Schätzungen gehen in den Niederlanden von einer mittleren täglichen Aufnahme von 20 ng/kg Körpergewicht (als Summe von 29 PCB-Kongeneren) aus [19].

Beim Stillen kann es aufgrund der Kontamination der Muttermilch mit PCB zu höheren Aufnahmen kommen. 1997 wurde in einer Studie in Norddeutschland ein Mittelwert von 0,55 mg/kg Milchfett mit einem 90sten Perzentil von 0,93 mg/kg Milchfett als Summe der drei Indikatorkongenere 138, 153 und 180 und Multiplikation mit einem Faktor 1,64 festgestellt [27]. Dabei ist anhand von Analysen von Muttermilchproben ein Rückgang der Belastung gestillter Säuglinge zu verzeichnen.

Abschätzung der »Gesamt-PCB«
Aufgrund der großen Zahl (bis zu 209 möglich) von Kongeneren in den meisten Proben sind Verfahren zur Abschätzung des Gehaltes an »Gesamt-PCB« notwendig. Hierzu werden sog. Leit- oder Indikatorkongenere bestimmt, deren Summe mit einem empirischen Hochrechnungsfaktor multipliziert wird. Beispielsweise wird häufig die Summe der sechs Leitkongenere PCB 28, 52, 101,138, 153 und 180 mit einem Faktor fünf multipliziert. In Muttermilchproben machen die höherchlorierten Kongenere PCB 138, 153 und 180 bereits ca. 60 % der »Gesamt-PCB« aus. Daher wird in einem für Muttermilchproben angewandten Verfahren die Summe dieser Kongenere mit dem Faktor 1,64 multipliziert. Allerdings scheint, selbst für lipidreiche Lebensmittel, dieser Faktor nicht generell anwendbar zu sein. Die Verfahren sind naturgemäß alle mit einem hohen Maß an Unsicherheit behaftet, lassen sich aber derzeit nicht grundsätzlich ersetzen. Insbesondere erfassen die Messungen meist ausschließlich »nicht-dioxinartige« Kongenere.

PCB werden vor allem im menschlichen Fettgewebe mit mittleren Konzentrationen von 1–2 mg/kg Fett gefunden. Während die Zusammensetzung der PCB im Fettgewebe durchschnittlich belasteter Individuen einen höheren Grad an Einheitlichkeit zeigt (die Kongenere Nr. 153 (2,2' ,4,4' ,5,5'), 180 (2,2' ,3,4,4' ,5,5') und 138 (2,2' ,3,4,4' ,5') machen meist etwa die Hälfte der Gesamt-PCB aus), kann es bei gewerblich oder akzidentell belasteten Personen zu einem abweichenden Kongenerenmuster kommen. Der häufige Verzehr von PCB-belastetem Fisch führt zu erhöhten Körpergehalten zum Beispiel bei Sportfischern wobei sich die Kongenerenmuster im Fisch angenähert im Serum wiederfinden.

Die Kommission »Human-Biomonitoring« des Umweltbundesamtes [33] hat die Referenzwerte für PCB 138, 153 und 180 im Vollblut von Erwachsenen verschiedener Altersklassen im Jahr 2003 aktualisiert.

Toxikologie (Tierexperimente)

Die etwa 100 in biologischen Proben regelmäßig nachweisbaren PCB unterscheiden sich nicht nur in ihrer relativen toxischen Potenz sondern auch im Spektrum ihrer biologischen und toxischen Wirkungen. Diese Tatsache erschwert die Bewertung einzelner Kongenere, da ihre Einstufung nach relativer Potenz je nach Wirkungskriterium sehr unterschiedlich sein kann. Eine gewisse Systematik der PCB ist aufgrund ihrer Strukturverwandtschaft zum 2,3,7,8-Tetrachlordibenzo-*p*-dioxin (TCDD) möglich. Danach ähneln Kongenere, die nicht an *ortho*-Position durch Chlor substituiert sind, sog. »co-planare« oder non-*ortho* substituierte PCB, dem TCDD am stärksten (Abb. 2), da sich die beiden aromatischen Ringe in einer Ebene befinden können und die Chloratome an den lateralen Positionen sitzen. Non-*ortho*-substituierte PCB binden an den Dioxin- oder Ah-Rezeptor und entfalten eine Reihe von dioxinartigen Wirkungen [24].

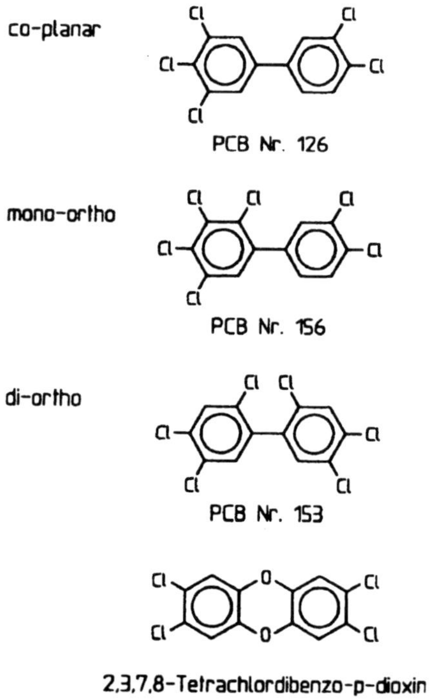

co-planar

PCB Nr. 126

mono-ortho

PCB Nr. 156

di-ortho

PCB Nr. 153

2,3,7,8-Tetrachlordibenzo-p-dioxin

Abb. 2: *Strukturformeln eines non-*ortho*-, mono-*ortho*- und di-*ortho*-substituierten polychlorierten Biphenyls im Vergleich zu 2,3,7,8-Tetrachlordibenzo-*p*-dioxin (TCDD)*

Substitution an einer *ortho*-Position führt zu den mono-*ortho*-substituierten PCB, die noch über geringe »dioxinartige« Wirkungen verfügen, während die überwiegende Zahl der PCB der Gruppe der mehrfach-*ortho*-substituierten PCB angehört, die keine »dioxinartigen« Eigenschaften mehr aufweisen.

Die unterschiedliche Potenz von PCB-Kongeneren hinsichtlich ihrer »dioxinartigen« Wirkung hat zu Anstrengungen geführt, sie in Analogie zu den polychlorierten Dibenzo-*p*-dioxinen (PCDD) und Dibenzofuranen (PCDF) mit Äquivalenzfaktoren zu belegen (siehe auch Kap. 09.01, Teil 4: PCDD/PCDF). Diese Faktoren geben die relative biologische (toxische) Potenz eines Kongeners im Vergleich zu TCDD wieder. Allerdings sind solche Faktoren (engl.: toxicity equivalency factors, TEFs), mehr noch als im Falle der PCDD/PCDF, mit einer Reihe von Unwägbarkeiten behaftet. So unterliegen PCB einem nennenswerten Metabolismus, wodurch es häufig zu einer Überschätzung ihrer relativen Potenz (als Liganden des Dioxin-Rezeptors) nur auf Grund von *In- vitro*-Daten kommt. Ferner ist die Frage der Gewichtung unter-

Tabelle 1: Toxizitäts-Äquivalenz (TE)-Faktoren für PCB-Kongenere [36]

Kongener	PCB-Nr. [6]	TE-Faktor
3,3',4,4'-TetraCB	77	0,0001
3,4,4',5-TetraCB	81	0,0001
3,3',4,4',5-PentaCB	126	0,1
3,3',4,4',5,5'-HexaCB	169	0,01
2,3,3',4,4'-PentaCB	105	0,0001
2,3,4,4',5-PentaCB	114	0,0005
2,3',4,4',5-PentaCB	118	0,0001
2',3,4,4',5-PentaCB	123	0,0001
2,3,3',4,4',5-HexaCB	156	0,0005
2,3,3',4,4',5'-HexaCB	157	0,0005
2,3',4,4',5,5'-HexaCB	167	0,00001
2,3,3',4,4',5,5'-HeptaCB	189	0,0001
alle übrigen		0,0

schiedlicher toxischer Wirkungen bei der Festlegung von TEFs oft schwierig. Eine Bewertung auf Grund von *In-vivo-* und *In-vitro-*Daten ist in Tabelle 1 wiedergegeben [36]. Für Kongenere mit »nicht-dioxinartiger« Wirkung, die im Tierexperiment zum Beispiel als tumorpromovierend oder neurotoxisch wirksam erkannt wurden, liegen keine entsprechenden Faktoren vor.

Oral aufgenommene PCB werden im oberen Gastrointestinaltrakt resorbiert und mit dem Blut- oder Lymphstrom im Körper verteilt. Sie werden vor allem im Fettgewebe angereichert und gespeichert, finden sich aber auch in der Leber, dem Zentralnervensystem und anderen Organen. Insbesondere die lateral chlorierten und höherchlorierten PCB sind sehr widerstandsfähig gegen metabolischen Abbau durch körpereigene Enzyme. Durch Metabolisierung der PCB entsteht eine große Zahl von Hydroxilierungsprodukten (Phenole) und schwefelhaltigen Derivaten (Thioether, Methylthioether etc.). Erstere werden durch Konjugation, zum Beispiel Glucuronidierung, in eine leichter ausscheidbare Form überführt. Über die toxikologische Relevanz der PCB-Metaboliten ist noch wenig bekannt. Durch die unterschiedliche metabolische Clearance der verschiedenen Kongenere kommt es zum bevorzugten Verbleib von höherchlorierten, lateral-substituierten

Karzinogenese: Initiation und Promotion

Der Vorgang der Karzinogenese wird heute meist als Mehrstufenprozess aufgefasst. Bei der *Initiation* wird eine Zelle durch eine karzinogene Noxe bleibend geschädigt. Es kann sich bei den 'Initiatoren« beispielsweise um chemische Karzinogene, ionisierende Strahlen, Viren handeln. Allen initiierenden Noxen gemeinsam ist, dass sie zu permanenten Veränderungen der DNS (zum Beispiel bestimmten Mutationen) führen, die als wegbereitend für die Karzinogenese angesehen werden. Es wird vermutet, dass initiierte Zellen unempfindlich gegenüber zellteilungshemmenden Faktoren oder gegenüber Faktoren sind, die die terminale Differenzierung oder den programmierten Einzelzelltod (Apoptose) herbeiführen. Solche initiierten Zellen können einen Wachstumsvorteil gegenüber dem umliegenden (normalen) Gewebe besitzen. Initiatoren wirken an vielen untersuchten Spezies. Die Übertragbarkeit des tierexperimentellen Befundes auf den Menschen erscheint, auch aus Gründen der Vorsorge, gerechtfertigt. Es bestehen theoretische Modellvorstellungen, die zur Annahme des Fehlens einer Schwellendosis für Initiatoren geführt haben.

In der *Promotionsphase* wird das klonale Wachstum zumindest eines Teils der initiierten Zellen verstärkt beziehungsweise ihre Apoptose unterdrückt. Die daraus resultierende Zunahme von Krebsvorläuferzellen erhöht offenbar die Wahrscheinlichkeit dafür, dass einzelne dieser Zellen einen weiteren Schritt in Richtung auf die Malignisierung machen können. Substanzen, die diese Wirkung entfalten, sog. Promotoren, stellen eine sehr heterogene Gruppe dar. Sie wirken vermutlich über unterschiedliche Mechanismen. Ihre promovierende Wirkung beschränkt sich meist auf bestimmte Organe und ist oft spezies- und/oder geschlechtsspezifisch. Eine pauschale Übertragung tierexperimenteller Daten auf den Menschen ist nicht möglich. So führt eine Reihe von an Nagern promovierenden Fremdstoffen beim Menschen zu keiner erhöhten Krebsinzidenz. Eindeutige Belege für die Wirkung von promovierenden Fremdstoffen am Menschen stehen noch aus.

PCB im Körper. Die Halbwertszeiten für einige mono- und di-*ortho*-substituierte Kongenere wurden auf vier bis elf Monate geschätzt [9, 11]. Für Gesamt-PCB wurde in einer japanischen Studie 7,1 Jahre angegeben [39].

Die akut-toxische Wirksamkeit von PCB im Tierexperiment ist vergleichsweise gering. So beträgt die LD_{50} bei Ratten (oral) etwa 1 g Aroclor 1254/kg Körpergewicht. Allerdings zeigen sich deutliche Speziesunterschiede der Empfindlichkeit. Als besonders empfindlich gelten zum Beispiel Meerschweinchen oder Nerze. Die Untersuchung einzelner PCB ergab, dass die non-*ortho*-substituierten Kongenere auf Grund ihrer Ähnlichkeit mit TCDD die höchste Toxizität aufweisen. Zu den charakteristischen »dioxinartigen« Wirkungen zählen Körpergewichtsreduktion, Thymusatrophie, Teratogenität (an Mäusen), Lebervergrößerung, fettige Degeneration und Vakuolisierung der Leber, Porphyrie, Epithelienverdickung der Gallengänge, immunologische Veränderungen (Tab. 2), Induktion bestimmter Fremdstoff-metabolisierender Enzyme wie zum Beispiel von Cytochrom-P450-(CYP) lA-Isoenzymen und andere. Letztere kann zu einer verstärkten metabolischen Aktivierung (»Giftung«) von bestimmten chemi-

Tabelle 2: Immunologische Veränderungen durch PCB im Tierexperiment [1] (+ = Zunahme; - = Abnahme)

Parameter	Veränderung	Tierspezies
Antikörperproduktion	–	Affe, Meerschweinchen
IgA, IgG im Serum	–	Ratte, Maus, Kaninchen
T-Zellaktivierung (Milz)	–	Maus
Aktivität der T-Helferzellen	–	Maus
Verhältnis T-Helfer-/ T-Suppressor-Zellen	– –	Maus Maus
Kolonienbildung durch Milzzellen	–	Maus
Lymphocyten im peripheren Blut	–	Affe, Meerschweinchen
Zelldichte im Knochenmark	–	Affe
Klone in Milz und Lymphknoten	–	Affe, Ratte
Milzgewicht	–	Ratte, Maus, Meerschweinchen
Thymusgewicht	–	Affe, Ratte, Maus, Meerschweinchen
Infektanfälligkeit	+	Ratte

schen Karzinogenen, zum Beispiel im Zigarettenrauch, führen.

Untersuchungen zur subakuten und chronischen Toxizität im Tierexperiment haben sich auf karzinogene Wirkungen und Störungen der Entwicklung, insbesondere des ZNS und des Immunsystems konzentriert.

An Nagern zeigen sich immuntoxische Effekte technischer PCB-Gemische erst nach relativ hohen Dosen. An Rhesusaffen war dagegen bereits nach täglicher Gabe von 5 µg Aroclor 1254/kg (PCB-Gehalt im Blut: etwa 10 µg/l) eine Verminderung der IgM- und IgG-Antwort im Schaferythrozytentest; SRBC-Test) feststellbar. Ähnliche Ergebnisse wurden an Rhesusaffen gewonnen, die vor oder nach der Geburt oral PCB-exponiert wurden. Die funktionelle Bedeutung dieser Befunde für die Immunabwehr beziehungsweise Infektanfälligkeit ist allerdings nicht klar.

An Versuchstieren lassen sich, insbesondere nach prä- und postnataler Exposition, PCB-Wirkungen zum einen auf motorische Fähigkeiten, zum anderen auf Lern- und Gedächtnisleistungen feststellen. Dabei ergibt sich bei den motorischen Veränderungen (Hyper- beziehungsweise Hypoaktivität) kein einheitliches Bild. Bezüglich der Lern- und Gedächtnisleistungen zeichnet sich eher eine Beeinträchtigung kognitiver Funktionen durch (bestimmte) *ortho*-substituierte PCB, definierte komplexe Gemische und

Aroclor-Gemische ab. Dabei zeigte sich zum Beispiel an Ratten und Affen ein beeinträchtigtes räumliches Lernen [18, 22, 28].

Einheitlich wird bei Ratten und Affen eine Abnahme des Dopamins im ZNS unter dem Einfluss von PCB-Gemischen festgestellt. Dies scheint eher durch (bestimmte) »nicht-dioxinartige« Kongenere sowie auch durch PCB 77 auslösbar zu sein. So hatte zum Beispiel die 90-tägige Gabe von 10 µg PCB 153 oder 5 µg PCB 128 pro kg Körpergewicht und Tag bei Ratten eine Abnahme des Dopamins in bestimmten Hirnarealen zur Folge [29].

Auf bestimmte Fortpflanzungsfunktionen üben PCB-Gemische ebenfalls schädigende Wirkungen aus. So hatte die chronische Gabe von 20 µg Aroclor

Tabelle 3: Teratogene und reproduktionstoxische Wirkungen von PCB im Tierexperiment [1] (+ = Zunahme; - = Abnahme)

Parameter	Veränderung	Tierspezies
Implantation	–	Ratte, Maus
Abort	+	Affe, Kaninchen, Meerschweinchen
fetales Wachstum	–	Maus
Umfang des Wurfes	–	Ratte, Maus, Meerschweinchen, Nerz
perinatale Überlebensrate	–	Affe, Ratte, Maus, Meerschweinchen
Geburtsgewicht, -größe	–	Affe, Ratte, Maus, Meerschweinchen
Verhaltenssauffälligkeiten der Neugeborenen	+	Affe, Ratte, Maus
Hydronephrose	+	Maus
Lippen- Kiefer-Gaumenspalten	+	Maus
weibliche Fortpflanzung		
Anovulation	+	Ratte
Zyklusstörungen	+	Affe, Ratte, Maus
Gewicht von Uterus, akzessorischen Drüsen	– –	Maus Maus
männliche Fortpflanzung		
Fertilität	–	Ratte
testikuläre Spermienkonzentration	–	Maus
Prostatagewicht	–	Maus
Samenblasengewicht	–	Maus

1254/kg Körpergewicht und Tag an weibliche Rhesusaffen eine verminderte Fruchtbarkeit sowie erhöhte Abort- oder Totgeburtenraten zur Folge [3]. Während für adulte männliche Versuchstiere keine eindeutigen Beweise für eine besondere Empfindlichkeit der Fortpflanzungsfunktionen gegenüber PCB vorliegen, hatte die Belastung von Ratten über die Muttermilch mit relativ hohen Dosen von Aroclor 1254 bei den männlichen Nachkommen eine verminderte Fruchtbarkeit zur Folge [26]. Reproduktionstoxische Wirkungen von PCB-Gemischen sind in Tabelle 3 zusammengefasst.

Teratogene Wirkungen wie Lippen-Kiefer-Gaumenspalten und Hydronephrose wurden bislang nur an Mäusen nach relativ hoher PCB-Exposition der Muttertiere einwandfrei nachgewiesen und sind offenbar auf die »dioxinartigen« PCB beschränkt. An Nachkommen von Rhesus-Affen waren dagegen bereits nach Belastung der Muttertiere mit 30 µg Aroclor 1016/kg Körpergewicht und Tag vermindertes Geburtsgewicht und PCB-typische Hautveränderungen zu beobachten. Mit Aroclor 1254 führten noch niedrigere Dosen (5 µg/kg Körpergewicht und Tag) zu derartigen Hautveränderungen [3, 4].

In einer Langzeit-Fütterungsstudie an Ratten mit etwa 5 mg/kg Körpergewicht und Tag Aroclor 1260 beziehungsweise Clophen A60 wurde eine Zunahme der Häufigkeit von Lebertumoren festgestellt. Andere Studien fanden ebenfalls eine Zunahme an Präneoplasien und Tumoren der Leber, zum Teil auch der Gallengänge, wobei weibliche Ratten offenbar deutlich stärkere Effekte zeigten als Männchen. Ferner wurde über Adenome der Schilddrüse nach Gabe von PCB-Gemischen berichtet.

Eine tumorpromovierende (krebsfördernde) Wirkung von PCB wurde an der Leber von Ratten und Mäusen festgestellt. Am potentesten erwiesen sich die »dioxinartigen« Kongenere. In entsprechender Dosis konnte allerdings auch mit einigen di-*ortho*-substituierten PCB eine tumorpromovierende Wirkung festgestellt werden.

Toxikologie (Mensch)

Informationen über toxische Wirkungen am Menschen stammen vor allem aus Vergiftungsfällen, wie den Yusho- und Yu-Cheng-Unfällen. Im Juni 1968 kam es in Fukuoka (Japan) zum Auftreten von Chlorakne-Erkrankungen nach dem Genuss einer bestimmten Charge von Reisöl. Diese als Yusho-Krankheit bezeichnete Vergiftung war auf eine Kontamination des Reisöls mit PCB und polychlorierten Dibenzofuranen (PCDF) aus einem undichten Wärmeaustauscher zurückzuführen. Eine ähnliche Katastrophe ereignete sich 1979 in Taiwan (Yu-Cheng-Erkrankung).

Nach einer Latenzphase von 20–190 Tagen kam es zu Chlorakne im Brust-Hals-Bereich, mitunter auch am gesamten Körper. Die Läsionen zeigten eine erhebliche Persistenz und waren in einigen Fällen noch 15 Jahre nach der Vergiftung vorhanden. Ferner litten einige Vergiftete an einer chronischen Bronchitis, die zum Beispiel bei ausschließlicher Vergiftung mit PCDD nicht beschrieben wurde. Weitere Symptome sind in Tabelle 4 aufgeführt.

An Neugeborenen von Yusho-Opfern war ein vermindertes Geburtsgewicht sowie eine Hyperpigmentierung von Haut und Schleimhäuten feststellbar. Ferner wurde über Gesichtsödeme, Exophthalmus, gestörte Verknöcherung des Schädels und Gingivahyperplasie berichtet. Die mittleren Blutspiegel bei Yu-Cheng-Vergifteten lagen bei 89,1 µg PCB/l, nach einem Jahr bei 39,3 µg PCB/l. Daneben wurden auch hochtoxische PCDF nachgewiesen, die wahrscheinlich für einen Großteil der in Tabelle 3 aufgeführten Symptomatik verantwortlich gemacht werden müssen.

An Arbeitern, die gegenüber PCB ohne berichtete überdurchschnittliche Belastung mit PCDD/PCDF exponiert waren, wurden teils deutlich höhere Blutspiegel (bis zu etwa 1.400 µg/l) festgestellt, ohne dass es zu dem ausgeprägten Yusho-Krankheitsbild gekommen wäre. Charakteristische Symptome waren Hautveränderungen, Chlorakne und erhöhte Cytochrom-P450-1A (CYP1A)-Aktivität der Leber.

Tabelle 4: Klinische und laborchemisch-serologische Veränderungen an Yusho- beziehungsweise Yu-Cheng-Vergifteten [38].

Organ/System	Symptom
Haut	Hyperkeratose, Hyperpigmentierung, Chlorakne
Meibomsche Drüsen	Schwellung, Hypersekretion
Schleimhäute	Pigmentierung
Nägel	Pigmentierung
Leber	Erhöhung der Transaminasen, der alkalischen Phosphatase und von Bilirubin im Serum
Lunge	chron. Bronchitis
Immunsystem	IgA, IgM, Infektanfälligkeit
weibliches Genitale	Zyklusstörungen
Nervensystem	Abnahme der Leitungsgeschwindigkeit peripherer Nerven, sensorische Neuropathie
Plazenta	Induktion von CYP1A-Isoenzymen
Sonstiges	Anstieg der Triglyzeride im Serum

Über mögliche karzinogene Wirkungen von PCB am Menschen existieren einige epidemiologische Studien. In einigen dieser Studien wurden Anzeichen für eine leicht erhöhte Inzidenz an Tumoren der Leber und der Gallengänge gefunden [7, 8]. Allerdings lassen die geringen Gruppenumfänge, die Mischexposition mit anderen, möglicherweise krebserregenden Faktoren und die gleichzeitige Belastung mit PCDF nur sehr limitierte Schlussfolgerungen zu. Ein karzinogenes Risiko für den Menschen durch PCB-Exposition kann somit derzeit nicht vollkommen ausgeschlossen werden, es läßt sich jedoch wahrscheinlich als sehr gering einstufen.

Eine Reihe von mehrfach *ortho*-substituierten PCB zählt zu den Induktoren vom »Phenobarbital« -Typ, die wie Phenobarbital bestimmte Fremdstoff-metabolisierende Enzyme in der Leber induzieren. In Analogie zu Phenobarbital konnte mit einzelnen dieser PCB in entsprechender (hoher) Dosierung eine tumorpromovierende Wirkung in der Nagerleber festgestellt werden. Der Verdacht einer entsprechenden, leberkrebsfördernden Wirkung von Phenobarbital am Menschen konnte in mehreren Studien nicht bestätigt werden. Eine krebsfördernde Wirkung von di-*ortho*-substituierten PCB am Menschen lässt sich derzeit ebenfalls nicht ableiten, allerdings auch nicht ausschließen. Eine krebsfördernde Wirkung von »dioxinartigen« non-*ortho*- und mono-*ortho*-substituierten PCB am Menschen ist ebenfalls nicht klar belegt. Die US Environmental Protection Agency hat geschlussfolgert, dass die Daten über eine kanzerogene Wirkung von PCB beim Menschen unzureichend sind, aber eine solche Wirkung grundsätzlich als gegeben gelten kann [15]. Damit ist allerdings die Frage der möglichen Kanzerogenität einzelner Kongenere sowie der akzeptablen Belastung nicht geklärt.

Eine vielzitierte Studie wurde an einer Population von Schwangeren in den USA gemacht, die sich durch erhöhten Fischkonsum aus den Großen Seen, Gewässern mit erhöhter PCB-Belastung, auszeichnet [13]. Für diese wurde ein mittlerer Verzehr von 6,7 kg Fisch/Jahr beziehungsweise 4,1 kg Fisch/Jahr während der Schwangerschaft geschätzt. Zwischen der Höhe des Fischkonsums und den PCB-Konzentrationen im mütterlichen Serum, im Nabelschnurblut und in der Muttermilch bestand ein signifikanter Zusammenhang. Ferner war hoher Fischkonsum mit einem geringeren Geburtsgewicht und einer geringeren Körperlänge der Neugeborenen korreliert. Im Alter von vier Jahren hatten diese Kinder schlechtere Ergebnisse in verbalen und numerischen Gedächtnistests [16] sowie Anzeichen für Hyperaktivität. Die Studie ist besonders wegen der Ähnlichkeit der zwar gering ausgeprägten Symptomatik mit denjenigen nach hoher Exposition (Yusho) beziehungsweise im Tierexperiment von Bedeutung. Kritiker der Studie bemängeln, dass die Auswahl der zu prüfenden möglichen Störvariablen unzureichend sei. So sei zum Beispiel der Bildungsgrad der Mütter und die übrige Ernährungssituation nicht berücksichtigt worden. Ferner seien keine Messungen des ebenfalls in Fisch aus den Großen Seen verstärkt vorkommenden Methylquecksilbers, einer potenten neurotoxischen Substanz, vorgenommen worden. Aus Daten einer neueren Evaluierung der »Michigan«-Studie wurde ein LOAEL (lowest observable adverse effect level) von 1,5–3,0 µg PCB/l Nabelschnurblut errechnet, entsprechend einer täglichen PCB-Aufnahme von 14–27 ng/kg [30]. Diese Wert liegt unter der durchschnittlichen täglichen PCB-Aufnahme in Deutschland (siehe oben) beziehungsweise deutlich unter derjenigen bei einem Verzehr von mehr als 120 g Fisch/Tag (entsprechend, je nach Fischart, bis zu 660 ng PCB/kg). Trotz der methodischen Vorbehalte gegen die Studie kann daher, wenigstens bei hohem Fischkonsum der Schwangeren, das Auftreten diskreter Störungen der Gedächtnisleistung und der Psychomotorik des Kindes nicht völlig ausgeschlossen werden. Eine Korrelation der Störungen war vor allem mit dem PCB-Gehalt im Nabelschnurblut und nicht in der Muttermilch gegeben. Auch aus anderen Studien deutet sich ein Zusammenhang zwischen einer erhöhten prä- oder postnatalen PCB-Exposition und einer Tendenz zu schlechterem Abschneiden in Tests zur verbalen, kognitiven oder psychomotorischen Leistungs- beziehungsweise Lernfähigkeit an [14, 17, 37].

Aus toxikologischer Sicht bieten die Ergebnisse keinen Anhalt für eine Empfehlung zum Stillverzicht. Einseitiger, hoher Fischkonsum vor und während der Schwangerschaft scheint dagegen bei der derzeitigen Belastungssituation aus prophylaktischen Gründen nicht ratsam.

Diagnostisches Vorgehen

Bei Verdacht auf akute Vergiftung mit PCB hat sich die Diagnostik am Leitsymptom Hautveränderungen (Chlorakne, Hyperkeratose, Hyperpigmentierung) zu orientieren. Ferner besteht die Möglichkeit einer PCB-Analytik aus Serum oder einer Fettgewebsbiopsie. Schließlich würde sich eine deutliche Induktion von CYP1A-Isoenzymen, wie sie nach massiver Exposition mit »dioxinartigen« PCB zu erwarten ist, durch nicht-invasive Tests zum Beispiel der Koffeinmetabolisierung zeigen lassen. Die letztgenannten analytischen Verfahren sind allerdings Speziallaboratorien vorbehalten und kostspielig.

Noch schwieriger gestaltet sich die Diagnose einer PCB-Vergiftung bei chronischer Exposition geringeren Ausmaßes beziehungsweise bei Mischexposition mit anderen umweltrelevanten Schadstoffen.

Hier kommt der sachgerechten Anamnese eine herausragende Bedeutung zu. Es sollte nur im begründeten Verdachtsfall das Instrumentarium der chemischen PCB-Analytik beziehungsweise anderer aufwändiger Verfahren eingesetzt werden. Zu nennen ist hierbei insbesondere der Umgang mit PCB-haltigen Materialien zum Beispiel in Altlasten oder eine Exposition nach Freisetzung von PCB aus »geschlossenen« Systemen (Transformatoren). Bei allgemeinen Störungen der Befindlichkeit wie Abgeschlagenheit, Müdigkeit, Nervosität und anderen ohne Anhalt für eine erhöhte Exposition nach einer chronischen PCB-Vergiftung zu fahnden, führt meist nicht weiter.

Nach stattgefundener PCB-Vergiftung gibt es, neben dem Meiden weiterer Exposition, keine nennenswerten Maßnahmen. Die orale Gabe von Paraffinöl oder ähnlichen Stoffen zur Eliminierung von PCB aus dem Körper kann nicht empfohlen werden, da sie sogar zu einer verstärkten Resorption führen kann. Das therapeutische Vorgehen beschränkt sich auf symptomatische Maßnahmen.

Richt- und Grenzwerte, Empfehlungen

Die amerikanische ATSDR hat einen MRL (»minimal risk level«) von 30 ng/kg Körpergewicht und Tag für eine mittlere Belastungsdauer und orale Exposition sowie unter Annahme eines Unsicherheitsfaktors von 300 abgeleitet [5]. Dieser Wert beruht auf einem LOAEL bezüglich neurologischer Entwicklungsstörungen bei Affen von 7,5 µg/kg Körpergewicht und Tag [23]. Für die chronische Belastung wurde ein MRL von 20 ng/kg Körpergewicht und Tag auf der Basis von immunologischen Veränderungen in adulten Affen mit einem LOAEL von 5 µg/kg Körpergewicht und Tag [31], ebenfalls unter Annahme eines Unsicherheitsfaktors von 300, abgeleitet.

Die EPA hat einen oralen Referenzwert von 20 ng/kg Körpergewicht und Tag für Aroclor 1254 auf der Basis von Hautveränderungen und Immuneffekten bei Affen und von 70 ng/kg Körpergewicht und Tag für Aroclor 1016 auf der Basis verminderten Geburtsgewichtes bei Affen veröffentlicht [15].

Vor dem Hintergrund dieser Ableitungen erscheint es ratsam, (vor und) während der Schwangerschaft den Fischkonsum zu beschränken (siehe oben). Hierbei sind fettreiche Fische im Durchschnitt höher belastet als andere, eine generelle Empfehlung bezüglich bestimmter Fischarten läßt sich jedoch nicht geben, da die PCB-Belastung sehr von Faktoren wie Standort oder Fanggebiet abhängt.

PCB-Belastungen der Raumluft rühren insbesondere von der früheren Verwendung PCB-haltiger dauerelastischer Fugenmassen her [10], vereinzelt werden auch noch Emissionen durch PCB- haltige Lampenkondensatoren berichtet. In den meisten Bundesländern ist die sog. »PCB-Richtlinie« baurechtlich umgesetzt worden [32]. Der Eingriffswert ist hier auf 3.000 ng/m³ festgelegt [3], wobei sich der Gesamtgehalt an PCB nach dem Vorschlag der Länderarbeitsgemeinschaft Abfall (LAGA) aus der Summe der sechs Leitkongenere multipliziert mit dem Faktor 5 errechnet. Nach einer Sanierung sollte die PCB-Konzentration in der Raumluft im Jahresmittel 300 ng/m³ (»Vorsorgewert«) nicht überschreiten. Informationen über eine geeignete Messstrategie für die Bestimmung von PCB in der Innenraumluft enthält die VDI-Richtlinie 4300 Blatt 2 vom Dezember 1997. Die Kommission »Human-Biomonitoring« des Umweltbundesamtes ist zu der Schlussfolgerung gelangt, dass aus der durch Raumluftbelastungen im Bereich des Vorsorgewertes bedingten, im Vergleich zur überwiegend nahrungsbedingten Hintergrundbelastung, minimalen Zusatzbelastung kein nennenswertes zusätzliches Gesundheitsrisiko abgeleitet werden kann [33].

Literatur

[1] AHLBORG UG, HANBERG A, KENNE K *(1992) Risk assessment of polychlorinated biphenyls. Institute of Environmental Medicine, Karolinska Institutet, Stockholm, Schweden.*

[2] ARGEBAU *(1995) Richtlinie für die Bewertung und Sanierung PCB-belasteter Baustoffe und Bauteile in Gebäuden (PCB-Richtlinie). Mitteilung DIBt (Deutsches Institut für Bautechnik) 2, 50-59.*

[3] ARNOLD DL, BRYCE F, STAPLEY R ET AL. *(1995) Toxicological consequences of Aroclor 1254 ingestion by female Rhesus (Macaca mulatta) monkeys. Part 2. reproduction and infant findings. Fd Chem Toxicol 36, 451-453.*

[4] ARNOLD DL, NERA EA, STAPLEY R *(1997) Toxicological consequences of Aroclor 1254 ingestion by female Rhesus (Macaca mulatta) monkeys and their nursing infants. Part 3. Post-reproduction and pathological findings. Food Chem Toxicol 35, 1191-1207.*

[5] ATSDR *(2000) Toxicological Profile for Polychlorinated Biphenyls. U.S. Department of Health and Human Services. Agency for Toxic Substances and Disease Registry. http://www.atsdr.cdc.gov*

[6] BALLSCHMITER K, ZELL M *(1980) Analysis of polychlorinated biphenyls (PCB) by glass capillary gas chromatography. Composition of technical Aroclor- and Clophen-PCB mixtures. Fresenius Z Anal Chem 302, 20-31.*

[7] BERTAZZI PA, RIBOLDI L, PESATORI A, RADICE L, ZOCCHETTI C *(1987) Cancer mortality of capacitor manufacturing workers. Am J Ind Med 11, 165-176.*

[8] BROWN DP *(1987) Mortality of workers exposed to polychlorinated biphenyls – An update. Arch Environ Health 42, 333-339.*

[9] BÜHLER F, SCHMID P, SCHLATTER C *(1988) Kinetics of PCB elimination in man. Chemosphere 17, 1717-1726.*

[10] BURKHARDT U, BORK M, BALFANZ E, LEIDEI J *(1990) Innenraumbelastung durch polychlorierte Biphenyle (PCB) in dauerelastischen Dichtungsmassen. Öff Gesundhwes 52, 567-574.*

[11] CHEN PH, LUO ML, WONG CK, CHEN CJ *(1982) Comparative rates of elimination of some individual polychlorinated biphenyls from the blood of PCB-poisoned patients in Taiwan. Fd Chem Toxic 20, 417-425.*

[12] DFG *(1988) Deutsche Forschungsgemeinschaft. Polychlorierte Biphenyle. Mitteilung XIII der Senatskommission zur Prüfung von Rückständen in Lebensmitteln. Verlag Chemie, Weinheim.*

[13] FEIN GG, JACOBSON JL, JACOBSON SW, SCHWARTZ PM, DOWLER JK *(1984) Prenatal exposure to polychlorinated biphenyls: Effects on birth size and gestational age. J Pediatr 105, 315-320.*

[14] GLADEN BC, ROGAN WJ, HARDY P ET AL. *(1988) Development after exposure to polychlorinated biphenyls and dichlorodiphenyl dichloroethane tranplacentally and through human milk. J Pediatr 113, 991-995.*

[15] IRIS *(2000) Integrated Risk Information System. Polychlorinated biphenyls. U.S. Environmental Protection Agency. http://www.epa.goc/ngispgm3/iris/subst/0294.htm.*

[16] JACOBSON JL, JACOBSON SW, HUMPHREY HEB *(1990) Effects of in utero exposure to polychlorinated biphenyls and related contaminants on cognitive functioning in young children. J Pediatr 116, 38-45.*

[17] KOOPMAN-ESSEBOOM C, WEISGLAS-KUPERUS N, DE RIDDER MAJ ET AL. *(1996) Effects of polychlorinated biphenyl/dioxin exposure and feeding type on infants« mental and psychomotor development. Pediatrics 97, 700-706.*

[18] LEVIN ED, SCHANTZ SL, BOWMAN RE *(1988) Delayed spatial alternation deficits resulting from perinatal PCB exposure in monkeys. Arch Toxicol 62, 267-273.*

[19] LIEM AKD, FÜRST P, RAPPE C *(2000) Exposure of populations to dioxins and related compounds. Food Add Contam 17, 241-259.*

[20] LORENZ H, NEUMEIER G *(1983) Polychlorierte Biphenyle. Ein gemeinsamer Bericht des Bundesgesundheitsamtes und des Umweltbundesamtes. bga Schriften 4/83. MMV Medizin Verlag, München.*

[21] PILOTY M, KÖPPL B *(1993) PCB in Dichtungsmassen - Erfahrungen und Ergebnisse bei Vorgehen in Berlin und Sanierung einer Schule (Teil I). Gesundhwes 55, 577-581.*

[22] RICE DC, HAYWARD S *(1997) Effects of postnatal exposure to a PCB mixture in monkeys on nonspatial discrimination reversal and delayed alternation performance Neurotoxicology 18, 479-494*

[23] RICE DC, HAYWARD S *(1999) Effects of postnatal exposure of monkeys to a PCB mixture on concurrent random interval-random interval and progressive ratio performance. Neurotoxicol Teratol 21, 47-58.*

[24] SAFE S *(1984) Polychlorinated biphenyls (PCB) and polybrominated biphenyls (PBBs): Biochemistry, toxicology and mechanism of action. CRC Crit Rev Toxicol 13, 319-395.*

[25] SAFE S *(1993) Toxicology, structure-function relationship, and human and environmental health impacts of polychlorinated biphenyls: progress and problems. Environ Health Perspect 100, 259-268.*

[26] SAGER DB *(1983) Effect of postnatal exposure to polychlorinated biphenyls on adult male reproductive function. Environ res 31, 76-94.*

[27] SCHADE G, HEINZOW B *(1998) Organochlorine pesticides and polychlorinated biphenyls in human milk of mothers living in northern Germany: Current extent of contamination, time trend from 1986 to 1997 and factors that influence the levels of contamination. Sci Totl Env 215, 31-39.*

[28] SCHANTZ SL, MOSHTAGHIAN J, NESS DK *(1995) Spatial learning deficits in adult rats exposed to ortho-substituted PCB congeners during gestation and lactation. Fundam Appl Toxicol 26, 117-126.*

[29] SEEGAL RF, BROSCH KO, OKONIEWSKI RJ *(1997) Effects of in utero and lactational exposure of the laboratory rat to 2,4,2«,4«- and 3,4,3«,4«-tetrachlorobiphenyl on dopamine function. Toxicol Appl Pharmacol 146, 95-103.*

[30] TILSON HA, JACOBSON JL, ROGAN WJ *(1990) Polychlorinated biphenyls and the developing nervous system: Cross-species comparisons. Neurotoxicol Teratol 12, 239-248.*

[31] TRYPHONAS H, LUSTER MI, WHITE KL JR. ET AL., *Effects of PCB (Aroclor 1254) on non-specific immune parameters in Rhesus (Macacca mulatta) monkeys. Int J Immunopharmacol 13, 639-648.*

[32] UBA *(2000) Leitfaden für die Innenraumlufthygiene in Schulgebäuden. Umweltbundesamt, Berlin, 54-55.*

[33] UBA *(2003) Abschätzung der zusätzlichen Aufnahme von PCB in Innenräumen durch die Bestimmung von PCB-Konzentrationen im Plasma beziehungsweise Vollblut. Bundesgesundheitsbl 46, 923-927.*

[34] UBA *(2003) Aktualisierung der referenzwert für PCB-138, -153, -180 im Vollblut sowie Referenzwert für HCB, ß-HCH und DDE im Vollblut. Bundesgesundheitsbl. 46, XXX-XXX.*

[35] USEPA *(1990) Drinking water document for polychlorinated biphenyls (PCB). Environmental Protection Agency, Cincinnati, OH, USA.*

[36] VAN DEN BERG M, BIRNBAUM L, BOSVELD ATC ET AL. *(1998) Toxic equivalency factors (TEFs) for PCB, PCDD, PCDF for humans and wildlife. Environ Health Perspect 106, 775-792.*

[37] WINNEKE G, BUCHOLSKI A, HEINZOW B ET AL. *(1998) Developmental neurotoxicity of polychlorinated biphenyls (PCB): cognitive and psychomotor functions in 7-month old children. Toxicol Lett 103, 423-428.*

[38] WHO *(1993) Polychlorinated Biphenyls and terphenyls (Second Edition). WHO series »Environmental Health Criteria« No. 140, World Health Organization, Genf.*

[39] YAKUSHIJI T, WATANABE I, KUWABARA K, TANAKA R, KASHIMOTO T, KUNITA N, HARA I *(1984) Rate of decrease and half-life of polychlorinated biphenyls (PCB) in the blood of mothers and their children occupationally exposed to PCB. Arch Environ Contam Toxicol 13, 341-345.*

Zusammenfassung

Die polychlorierten Biphenyle (PCB) zählen zu den persistenten organischen Umweltkontaminanten. Sie stammen vorwiegend aus der ehemaligen großtechnischen Produktion und Anwendung sowie, zum kleineren Teil, aus modernen Quellen, wie zum Beispiel Verbrennungsprozessen. PCB finden sich sowohl in der Umwelt, zum Beispiel in Böden und Gewässer-Sedimenten als auch in der Außenluft, der Innenraumluft und in biologischen Proben einschließlich Humanblut und Muttermilch. Die Hintergrundbelastung des Menschen erfolgt überwiegend mit der Nahrung, wobei in Fischen zum Teil höhere Gehalte gefunden werden. Ungewöhnlich hohe PCB-Belastungen können beispielsweise aufgrund lokaler Kontaminationen oder von Verunreinigungen in Futtermitteln auftreten. Die PCB-Gehalte in der Muttermilch und in Humanblut zeigen eine seit Jahren rückläufige Tendenz, die auf das Verbot der Herstellung und Anwendung von PCB, aber auch auf allgemeine Maßnahmen zur Luftreinhaltung und andere zurückgeführt wird.

Unter den mehr als hundert in Umweltproben nachweisbaren Kongeneren finden sich »dioxinartige« Kongenere ohne oder mit höchstens einem Chlorsubstituenten in *ortho*-Position sowie »nicht-dioxinartige« Kongenere mit typischerweise zwei oder mehr Chlorsubstituenten in *ortho*-Position. Die beiden PCB-Typen unterscheiden sich zwar bezüglich ihrer biochemischen Wirkungen, weisen aber prinzipiell ähnliche toxische Eigenschaften auf. Hierzu zählen vor allem Störungen des Endokrinums, des Immun- und des Nervensystems. Diese Wirkungen sind im Tierversuch besonders bei den Nachkommen ausgeprägt, wenn die Muttertiere mit PCB belastet werden. Ferner können bestimmte PCB-Kongenere das Auftreten von Tumoren, vor allem der Leber, bei Versuchstieren fördern (Tumorpromotion). Generell weisen die »dioxinartigen« PCB, die allerdings nur einen sehr kleinen Teil der Hintergrundbelastung ausmachen, bezüglich der toxischen Endpunkte eine deutlich höhere Potenz auf.

Bei der Bewertung der PCB wird für die »dioxinartigen« Kongenere, zusammen mit den PCDD/F, von einer duldbaren täglichen Aufnahme von 1–4 pg TCDD-Äquivalenten (TEq) pro kg Körpergewicht ausgegangen. Dagegen liegt aus neuerer Zeit keine entsprechende Festlegung für die Aufnahme an Gesamt-PCB vor.
Für die umweltmedizinische Praxis ist für die Gesamtbevölkerung von einer Hintergrundbelastung mit PCB auszugehen. Deutliche Überschreitungen sind sehr selten und meist auf spezielle Einflüsse durch Kontaminationen, Altlasten und andere zurückzuführen. Die (teure und aufwändige) Messung der PCB-Gehalte im Blut gibt Aufschluss über eine besondere Belastungssituation. Die Belastung über die Raumluft trägt meistens nur geringfügig zur Gesamtbelastung bei und führt meist nicht zu einer signifikanten Zunahme der Gesamt-PCB-Gehalte im Blut.

Sektion 11, Arbeitsmaterialien

– Weitere Beiträge in Vorbereitung –

Inhaltsverzeichnis
11.01 Grenz-, Richt- und Orientierungswerte

- Empfehlungen für elektromagnetische Monitor-Strahlung
- Empfehlungen von DIN und VDE

Human-Biomonitoring
- HBM-Werte der Kommission Human-Biomonitoring des UBA
- Bewertung anhand von Referenzwerten / Referenzbereichen
- Referenzwerte des NHANES (in den USA)

Innenraumluft
- Grenzwerte aufgrund rechtlicher Regelungen
- Innenraumluftrichtwerte der Ad-hoc Arbeitsgruppe der IRK/AOLG
- Sonstige Richtwerte
- Vorläufige Richtwerte der Hamburger Gesundheitsbehörde
- Leitwerte der WHO
- Referenzwerte / üblicherweise beobachtete Konzentrationen

Lärm
- Lärmschutz an Arbeitsplätzen
- Straßen-, Schienen- und Wasserverkehrslärm
- Luftverkehrslärm
- Gewerbe- und Industrielärm
- Sport- und Freizeitlärm
- Gewerblicher Baulärm
- Nachbarschaftslärm
- Schallschutz im Rahmen der Stadtplanung

Trinkwasser
- Qualitätsanforderungen an Trinkwasser
- Qualitätsanforderungen für Mineral-, Quell- und Tafelwasser
- Trinkwasser-Leitwerte und Trinkwasser-Maßnahmewerte

- Bewertung von Stoffen, für die in der Trinkwasserverordnung kein Grenzwert vorliegt oder die Datenlage unvollständig ist
- Maßnahmewerte für Stoffe im Trinkwasser
- Leitwerte der WHO für die Trinkwasserqualität
- Empfehlungen der EG-Kommission zum Schutz der Bevölkerung gegenüber Radon im Trinkwasser
- Referenzwerte im häuslichen Trinkwasser und in Wasserwerksproben
- Referenzwerte für Radon in Trinkwasserproben

Toxikologische Wertsetzungen

- ADI-Werte
- MRL-Werte

Elektromagnetische Felder

Gesetzliche Vorschriften

Grenzwerte nach dem Bundesimmissionsschutzgesetz

In der 26. Verordnung zum Bundes-Immissionsschutzgesetz werden für die Errichtung und den Betrieb von Hochfrequenzanlagen und Niederfrequenzanlagen (Tabelle 1) zum Schutz der Allgemeinheit und der Nachbarschaft vor schädlichen Umwelteinwirkungen rechtsverbindliche Grenzwerte festgeschrieben. Sie berücksichtigt nicht die Wirkungen auf elektrische oder elektronische Implantate und gilt nicht für mobile Einrichtungen. Hochfrequenzanlagen im Sinne dieser Verordnung sind ortsfeste Sendefunkanlagen mit einer Sendefunkleistung von 10 Watt EIRP (äquivalente isotrope Strahlungsleistung) und mehr (die Felder im Bereich von 10 bis 300.000 MHz erzeugen); Niederfrequenzanlagen sind Freileitungen und Erdkabel (mit einer Frequenz von 50 Hz und einer Spannung von 1.000 Volt oder mehr), Bahnstromfern- und Bahnstromoberleitungen sowie Elektroumspannanlagen. Abweichend von den Grenzwerten werden kurzzeitige und kleinräumige Überschreitungen zugelassen. Diese Überschreitungen gelten jedoch nicht bei der Errichtung oder wesentlicher Änderung von Niederfrequenzanlagen in der Nähe von Wohnungen, Krankenhäusern, Schulen, Kindergärten,

Tabelle 1: Grenzwerte der 26. BImSchV für Niederfrequenzanlagen und Hochfrequenzanlagen

	Niederfrequenzanlagen Effektivwert der elektrischen Feldstärke und magnetischen Flussdichte	
Frequenz (f) in Hertz (Hz)	**Elektrische Feldstärke in kV/m**	**Magnetische Flussdichte µT**
50-Hz-Felder	5	100
16 2/3-Hz-Felder	10	300
	Hochfrequenzanlagen Effektivwert der Feldstärke, quadratisch gemittelt über 6-Minuten-Intervalle	
Frequenz (f) in Megahertz (MHz)	**Elektrische Feldstärke in V/m**	**Magnetische Feldstärke in A/m**
10–400	27,5	0,073
400–2.000	1,375	0,0037
2.000–300.000	61	0,16

Kinderhorten, Spielplätzen oder ähnlichen Einrichtungen.

Quelle:
26. Verordnung zur Durchführung des Bundes-Immissionsschutzgesetzes (Verordnung über elektromagnetischer Felder - 26.BlmSchV) vom 16. Dezember 1996, BGBl. I S. 1966.

Unfallverhütungsvorschriften (UVV) für Arbeitstätten

Verbindliche Vorschriften zum Schutz vor EMF im Frequenzbereich von 0 bis 300 GHz in Arbeitsstätten und an Arbeitsplätzen legt die Unfallverhütungsvorschrift UVV BGV B 11 vor. Sie betrifft insbesondere Betriebe, in denen Induktions- und Lichtbogenöfen, starke Elektromagnete und Elektromotoren, Generatoren, Transformatoren, Mikrowellenanlagen, Magnetresonanztomographen, Funk- und Fernsehsendeanlagen, Telekommunikationsanlagen und Radar betrieben werden. Der Anwendungsbereich der BGR B11 umfasst alle Tätigkeiten von Versicherten innerhalb des Betriebes während der üblichen Arbeitszeit. Er umfasst auch Tätigkeiten außerhalb des Betriebes auf Bau- und Montagestellen, in Fahrzeugen und auf Schiffen, die kurzzeitig oder gelegentlich auftreten, so-

Tabelle 2: Zulässige Werte für die statische magnetische Flussdichte

Exposition	Magnetische Flussdichte in Tesla
Allgemein	
Mittelwert für 8 h (gemittelt über den ganzen Körper)	212 mT
Spitzenwert für Kopf und Rumpf	2 T
Spitzenwert für Extremitäten	5 T
Besondere Bereiche*	
Spitzenwert für Kopf und Rumpf (maximal 2 h/d)	4 T
Spitzenwert für Extremitäten	10 T

*: Im Bereich von Wissenschaft und Forschung und im Einzelfall bei medizinischer Anwendung dürfen diese Werte angewendet werden, wenn der Betreiber der Anlage sicherstellt, dass
- die verbindlichen Beschaffenheitsanforderungen nationaler Rechtsvorschriften, die einschlägigen Gemeinschaftsvorschriften umsetzen, von der Anlage erfüllt werden,
- für die Arbeitsplätze Gefährdungsanalysen nach dem Arbeitsschutzgesetz unter besonderer Beachtung der Gefahren durch EM-Felder durchgeführt und dokumentiert werden,
- die notwendigen Schutzmaßnahmen getroffen sind,
- Tätigkeiten unter fachkundiger ärztlicher Aufsicht oder in Anwesenheit eines Sachkundigen durchgeführt werden.

wie den betrieblich bedingten Aufenthalt während der Arbeitspausen.

In der UVV wird insbesondere bestimmt, dass keine unzulässigen Expositionen (auch mittelbar) auftreten dürfen. Darüber hinaus werden unter anderem Festlegungen zu Betriebsanweisungen, Schutzmaßnahmen und zur Ausweisung von Expositionsbereichen getroffen. Als Basisgrenzwerte werden diejenigen der ICNIRP herangezogen, wobei die abgeleiteten Grenzwerte zum Teil geringere Sicherheitsfaktoren haben. Weitere Konkretisierungen und Erläuterungen sind zudem in der zugehörigen berufsgenossenschaftlichen Regel BGR B 11 (vom Oktober 2001) zu finden.

Aus den sehr umfangreichen Regelungen sind nachfolgend nur diejenigen zu statischen Magnetfeldern, wie sie zum Beispiel in medizinischen Anwendungen häufig anzutreffen sind, näher dargestellt. Für beruflich Exponierte gelten die Werte der Tabelle 2. Für die allgemeine Bevölkerung hat die ICNIRP eine entsprechende Empfehlung (siehe Richtwerte) abgegeben.

Quelle:

Berufsgenossenschaftliche Vorschrift für Sicherheit und Gesundheit bei der Arbeit; Unfallverhütungsvorschrift Elektromagnetische Felder (BGV B11) vom 1. Juni 2001.

Ortsfeste Sendeanlagen (einschließlich Mobilfunk-Basisstationen)

Eine ortsfeste Funkanlage mit einer äquivalenten isotropen Strahlungsleistung (EIRP) von 10 Watt und mehr darf nur betrieben werden, wenn eine Standortbescheinigung der Regulierungsbehörde für Telekommunikation und Post erteilt (RegTP) wurde. In ihr werden zum Beispiel Sicherheitsabstände festgelegt. Der Betreiber hat darüber hinaus Anzeigepflichten nach der BEMFV zu beachten. Die Standortbescheinigung wird nur erteilt, wenn zur Begrenzung der elektromagnetischen Felder von ortsfesten Funkanlagen für den Frequenzbereich 9 kHz bis 300 GHz die Grenzwerte der 26. BimSchV beziehungsweise, falls in ihr keine Festlegungen getroffen sind, auch die Referenzwerte der Empfehlung 1999/519/EG des Rates vom 12. Juli 1999 eingehalten werden. Für den Frequenzbereich 9 kHz bis 50 MHz müssen zusätzlich die zulässigen Werte für aktive Körperhilfen nach dem Entwurf DIN VDE 0848-3-1/A1 eingehalten werden. Bei der Berechnung des Sicherheitsabstandes werden die Feldstärken aller am Standort befindlichen Funksysteme sowie von anderen relevanten Funk- und Sendeanlagen wie nahe gelegenen Radio- und Fernsehsendern mit berücksichtigt. Auf Grund der Telekommunikationsgesetzgebung (FTEG und BEMFV) ist das Standortbescheinigungsverfahren auch auf Sendefunkanlagen (zum Beispiel Amateurfunkanlagen) ausgedehnt worden, die nicht unter die 26. BImSchV fallen.

Quelle:

Gesetz über Funkanlagen und Telekommunikationsendeinrichtungen (FTEG) vom 31. Januar 2001. BGBl. I S. 170.

Verordnung über das Nachweisverfahren zur Begrenzung elektromagnetischer Felder (BEMFV) vom 20. August 2002. BGBl. I S. 3366.

Mobiltelefone (Handys)

Derzeit wird in Europa hauptsächlich die GSM-Technik (Global System for Mobile Communications) verwendet. In Deutschland werden dabei für das D-Netz Trägerfrequenzen um 900 MHz und für das E-Netz Trägerfrequenzen um 1800 MHz eingesetzt. Verstärkt wird derzeit auf die neue Technik UMTS (Universal Mobile Telecommunications System) umgestellt, bei der Übertragungsfrequenzen von 1.900 bis 2.200 MHz verwandt werden.

Nach den Empfehlungen der Strahlenschutzkommission soll für Mobiltelefone ein Basisgrenzwert zu Grunde gelegt werden, der für die spezifische Absorptionsrate (SAR) eine Obergrenze von 2 W/kg (gemittelt über jeweils 10 g) nicht übersteigt. Diese Anforderungen an maximale Absorptionsraten sind in den europäischen Produktnormen EN 50360 und EN 50361 festgeschrieben worden. Die europäische Richtlinie 1999/5/EG, die durch das FTEG in deutsches Recht umgesetzt wurde, regelt unter anderem das Inverkehrbringen von Mobiltelefonen, die die Anforderungen der vorgenannten Normen zu erfüllen haben und mit einem CE-Zeichen gekennzeichnet werden. Eine Zusammenstellung der SAR-Werte marktüblicher Handys ist zum Beispiel auf den Internetseiten des Bundesamtes für Strahlenschutz (www.bfs.de) zu finden.

Quelle:

Gesetz über Funkanlagen und Telekommunikationsendeinrichtungen (FTEG) vom 31. Januar 2001. BGBl. I S. 170.

Richtlinie 1999/5/EG des Europäischen Parlamentes und des Rates vom 9. März 1999 über Funkanlagen und Telekommunikationsendeinrichtungen und die gegenseitige Anerkennung ihrer Konformität. Amtsblatt der EG L 91/10.

Europäische Norm EN 50360: Produktnorm zum Nachweis der Übereinstimmung von Mobiltelefonen mit den Basisgrenzwerten hinsichtlich der Sicherheit von Personen in elektromagnetischen Feldern (300 MHz bis 3 GHz). CENELEC, Brüssel, Juli 2001.

Europäische Norm EN 50361: Grundnorm zur Messung der Spezifischen Absorptionsrate (SAR) in Bezug auf die Sicherheit von Personen in elektromagnetischen Feldern von Mobiltelefonen (300 MHz bis 3 GHz). CENELEC, Brüssel, Juli 2001.

Richtwerte und Empfehlungen

Empfehlungen der ICNIRP und der Strahlenschutzkommission (SSK)

Die Empfehlungen der International Commission on Non-Ionizing Radiation Protection (ICNIRP), die von der deutschen Strahlenschutzkommission überprüft und geteilt werden, beziehen sich einerseits auf beruflich Exponierte und andererseits auf die Allgemeinbevölkerung. Die Basisgrenzwerte (Tabelle 3) basieren auf dem gesicherten Wissen über akute Wirkungen. Bei ihrer Einhaltung sprechen nach Meinung der Kommission alle bisher vorliegenden Erkenntnisse und Erfahrungen gegen gesundheitsschädliche Wirkungen. Bei der Ermittlung der Exposition ist darauf zu achten, dass die Summe aller Immissionen die Basisgrenzwerte nicht überschreiten darf. Je nach Frequenzbereich müssen unterschiedliche physikalische Größen (zum Beispiel Stromdichte, SAR und Leitungsdichte) zur Spezifizierung der Basisgrenzwerte herangezogen werden. Eine kurzfristige Überschreitung wird als zulässig angesehen, vorausgesetzt, dass durch geeignete Maßnahmen gefährliche Berührungsspannungen beziehungsweise Körperströme vermieden werden.

Da sich die physikalischen Größen der Basisgrenzwerte einer messtechnischen Überprüfung fast vollständig entziehen, werden auf Grund von Modellrechnungen sowie Extrapolation aus Laboruntersuchungen abgeleitete Grenzwerte (so genannte Referenzgrenzwerte) (Tabelle 4) in den messtechnisch zugänglichen Ersatzfeldstärken festgelegt. Werden höhere Werte als die Referenzgrenzwerte gemessen, lässt sich allerdings nicht zwangsläufig auch eine Überscheitung der Basisgrenzwerte annehmen. Eine detailliertere Analyse wäre hierzu erforderlich.

In Ergänzung zu den ICNIRP-Empfehlungen wird in der Empfehlung des Rates noch ein Basisgrenzwert für statische Magnetfelder von 40 mT (magnetische Flussdichte) angegeben.

Quelle:

International Commission on Non-Ionizing Radiation Protection: Guidelines for limiting exposure to time-varying electric, magnetic, and electromagnetic fields (up to 300 GHz). Health Physics 74 (1998) 494-522.

Kommission der Europäischen Gemeinschaft: Empfehlung des Rates vom 12. Juli 1999 zur Begrenzung der Exposition der Bevölkerung gegenüber elektromagnetischen Feldern (0Hz-300GHz). Amtsblatt der EU L 199/59, 1999.

Empfehlungen der Strahlenschutzkommission: Grenzwerte und Vorsorgemaßnahmen zum Schutz der Bevölkerung vor elektromagnetischen Feldern. Heft 29 (2001).

Tabelle 3: Basisgrenzwerte für zeitlich veränderliche elektrische und magnetische Felder bei Frequenzen bis zu 10 GHz und zwischen 10 GHz und 300 GHz

Frequenzbereich	Stromdichte für Kopf und Rumpf (mA/m²) (Effektivwerte)	Durchschnittliche Ganzkörper-SAR (W/kg)	Lokale-SAR (Kopf und Rumpf) (W/kg)	Lokale-SAR (Gliedmaßen) (W/kg)
Berufliche Exposition				
bis 1 Hz	40	–	–	–
1–4 Hz	40/f	–	–	–
4 Hz – 1 kHz	10	–	–	–
1–100 kHz	f/100	–	–	–
100 kHz – 10 MHz	f/100	0,4	10	20
10 MHz – 10 GHz	–	0,4	10	20
10–300 GHz	50 W/m² *	–	–	–
Exposition der Bevölkerung				
bis 1 Hz	8	–	–	–
1–4 Hz	8/f	–	–	–
4 Hz – 1 kHz	2	–	–	–
1–100 kHz	f/500	–	–	–
100 kHz – 10 MHz	f/500	0,08	2	4
10 MHz – 10 GHz	–	0,08	2	4
10–300 GHz	10 W/m² *	–	–	–

f: Frequenz in Hertz; SAR: Spezifische Absorptionsrate (auf die Gewebemasse bezogener Leistungsumsatz); *: Leistungsflussdichte

Empfehlungen der ICNIRP zu statischen Magnetfeldern

Zum Schutz der Beschäftigten und der Allgemeinheit vor statischen Magnetfeldern, zum Beispiel im Rahmen der medizinischen Diagnostik (Magnetresonanztomographen), empfiehlt die International Commission on Non-Ionizing Radiation Protection folgende Obergrenzen für die magnetische Flussdichte: Träger von Herzschrittmachern, internen Defibrillatoren und vergleichbarer Implantate sollen Orte mit einer Flussdichten von > 0,5 mT meiden, da Störungen dieser Geräte nicht auszuschließen sind.

Tabelle 4: Referenzgrenzwerte für die Exposition durch zeitlich veränderliche elektrische und magnetische Felder (ungestörte Effektivwerte)

Frequenzbereich	Elektrische Feldstärke (V/m)	Magnetische Feldstärke (A/m)	B-Feld (µT)	Äquivalente Leistungsdichte bei ebenen Wellen S_{eq} (W/m²)
Berufliche Exposition				
bis 1 Hz	–	$1{,}63 \times 10^5$	2×10^5	–
1–8 Hz	20.000	$1{,}63 \times 10^5/f^2$	$2 \times 10^5/f^2$	–
8–25 Hz	20.000	$2 \times 10^4/f$	$2{,}5 \times 10^4/f$	–
0,025–0,82 kHz	500/f	20/f	25/f	–
0,82–65 kHz	610	24,4	30,7	–
0,065–1 MHz	610	1,6/f	2/f	–
1–10 MHz	610/f	1,6/f	2/f	–
10–400 MHz	61	0,16	0,2	10
400–2000 MHz	$3f^{1/2}$	$0{,}008f^{1/2}$	$0{,}01f^{1/2}$	f/40
2–300 GHz	137	0,36	0,45	50
Exposition der Bevölkerung				
bis 1 Hz	–	$3{,}2 \times 10^4$	4×10^4	–
1–8 Hz	10.000	$3{,}2 \times 10^4/f^2$	$4 \times 10^4/f^2$	–
8–25 Hz	10.000	4.000/f	5.000/f	–
0,025–0,8 kHz	250/f	4/f	5/f	–
0,8–3 kHz	250/f	5	6,25	–
3–150 kHz	87	5	6,25	–
0,15–1 MHz	87	0,73/f	0,92/f	–
1–10 MHz	$87/f^{1/2}$	0,73/f	0,92/f	–
10–400 MHz	28	0,073	0,092	2
400–2000 MHz	$1{,}375f^{1/2}$	$0{,}0037f^{1/2}$	$0{,}0046f^{1/2}$	f/200
2–300 GHz	61	0,16	0,2	10

f: Frequenz in Hertz

Tabelle 5: Obergrenze gegenüber der Exposition von statischen Magnetfeldern	
Expositionscharakteristika	**Magnetische Flussdichte**
Berufliche Exposition	
Arbeitstag (Mittelwert)	200 mT
Spitzenwert	2 T
Obergrenze bei ausschließlicher Belastung der Gliedmaßen	5 T
Exposition der Bevölkerung	
kontinuierliche Belastung	40 mT

Quelle:

International Commission on Non-Ionizing Radiation Protection: Guidelines on limits of exposure to static magnetic fields. Health Physics 66 (1994) 100-106.

Regelungen für Mikrowellengeräte

Bei Mikrowellen, als Teil der hochfrequenten EMF, handelt es sich um den Frequenzbereich zwischen 300 MHz bis 300 GHz. Um eine unerwünschte Erwärmung zu vermeiden, muss für exponierte Personen die maximale Ganzkörper-Absorptionsrate auf das technisch Machbare begrenzt werden. Auf dieser Grundlage wurden die für Mikrowellengeräte erforderlichen technischen Abschirm- und Schutzmaßnahmen abgeleitet und als gerätespezifische Maximalemission ein Wert von 5 mW/cm^2 in 5 cm Abstand vom Gerät festgelegt.

Untersuchungen des Bundesamtes für Strahlenschutz an über 100 Geräten zur Leckstrahlung ergaben, dass bei normalem Gebrauch im Schnitt 0,062 mW/cm^2, also nur 1 % dieses Grenzwertes, erreicht wird. Auch bei alten Geräten, die lange und intensiv genutzt werden, konnte keine Erhöhung der Leckstrahlungsrate festgestellt werden.

Quelle:

DIN VDE 0720-1e. Elektrowärmegeräte für den Hausgebrauch und ähnliche Zwecke; Allgemeine Bestimmungen, Teil-Änderung e. Ausgabe:1980–03.

Empfehlung für elektromagnetische Monitor-Strahlung

Zur Beurteilung von Computermonitoren haben sich in der Vergangenheit verschiedene Prüfsiegel entwickelt. Gängig sind das MPR II sowie die TCO 92, die TCO 95 und die aktuellen TCO 99 Prüfsiegel. Das erste Prüfsiegel mit eindeutigen Grenzwerten für elektrische und magnetische Felder ist die MPR-II-Norm der SWEDAC (The Swedish Board for Technical Accreditation). Die erstmalig

Tabelle 6: Grenzwerte der Gütezeichen MPR II und TCO für Computermonitore			
Frequenzbereiche	**TCO**	**MPR II**	**Messabstand**
Elektrische Wechselfelder			
0 Hz (Elektrostatisches Potential)	< ± 500 V	< ± 500 V	10 cm vor Bildschirmmitte
5 Hz – 2 kHz	≤ 10 V/m	≤ 25 V/m	
2 kHz – 400 kHz	≤ 1,0 V/m	≤ 2,5 V/m	
			MPR II = 50 cm;
Magnetische Wechselfelder			
			TCO = 30 cm
5 Hz – 2 kHz	≤ 200 nT	≤ 250 nT	
2 kHz – 400 kHz	≤ 25 nT	≤ 25 nT	

1992 veröffentlichten TCO-Prüfsiegel der schwedischen Angestellten- und Beamtengewerkschaft TCO (Tjänstemännens Centralorganisation) haben mit der TCO 99 aus dem Jahr 1999 deutlich strengere Standards gesetzt als die MPR II. Sowohl TCO 92 als auch TCO 95 geben zwar eindeutige technische Regelungen zum Strahlenschutz an, berücksichtigen aber zum Beispiel nicht die ergonomische Bildqualität. Hingegen werden in der TCO 99 neben Grenzwertempfehlungen (Tabelle 6) für elektrische und magnetische Felder auch ergonomische Richtlinien (zum Beispiel zur Bildqualität) festgelegt. Ferner gilt die TCO 99 auch für den Bereich der Flachbildschirme, Tastaturen und die komplette Recheneinheit.

Die Deutsche Elektrische Kommission im DIN und VDE

Auch in der Normenreihe DIN VDE 0848 werden zum Teil deutlich abweichende Grenzwerte zum Schutz der Bevölkerung vor elektromagnetischen Feldern festgelegt. Mit dem Inkrafttreten der 26. BImSchV hat sie jedoch für die in der Verordnung festgelegten Frequenzbereiche ihre Bedeutung verloren. Die DIN VDE 0848 soll jedoch durch die entsprechenden Fachkommissionen der DIN an die Verordnung angepasst werden und sie ergänzen.

Quelle:

DIN VDE 0848 Teil 1. Sicherheit in elektrischen, magnetischen und elektromagnetischen Feldern; Definitionen, Mess- und Berechnungsverfahren. Ausgabe August 2000.

Entwurf DIN VDE 0848 Teil 2. Sicherheit in elektromagnetischen Fel-

dern; Schutz von Personen im Frequenzbereich von 30 kHz bis 300 GHz. Ausgabe Oktober 1991.
Entwurf DIN VDE 0848 Teil 3-1. Sicherheit in elektrischen, magnetischen und elektromagnetischen Feldern. Schutz von Personen mit aktiven Körperhilfsmitteln im Frequenzbereich von 0 Hz bis 300 GHz. Ausgabe Mai 2002.
Vornorm DIN VDE 0848 Teil 4/A3. Sicherheit in elektromagnetischen Feldern. Schutz von Personen im Frequenzbereich von 0 Hz bis 30 kHz - Änderung 3. Ausgabe Juli 1995.
DIN VDE 0848 Teil 5. Sicherheit in elektrischen, magnetischen und elektromagnetischen Feldern. Explosionsschutz. Ausgabe Januar 2001.

- Bei Böden mit einem pH-Wert von < 5,0 sind die Vorsorgewerte für Blei entsprechend den ersten beiden Anstichen herabzusetzen.

■ Die Vorsorgewerte der Tabelle 7 finden für Böden und Bodenhorizonte mit einem Humusgehalt von mehr als 8 Prozent keine Anwendung. Für diese Böden können die zuständigen Behörden gegebenenfalls gebietsbezogene Festsetzungen treffen.

Zulässige zusätzliche jährliche Frachten an Schadstoffen

Im Wesentlichen bilden die als zulässige Zusatzbelastung über alle Pfade angegebenen Frachten die heute beobachteten durchschnittlichen diffusen Einträge in Böden ab, die als typisch gelten können. Beim Überschreiten der Vorsorgewerte nach den Tabellen 7 und 8 soll eine weitere Belastung künftig nicht über den in Tabelle 9 zusammengestellten Frachten liegen.

Tabelle 9: Zulässige zusätzliche jährliche Frachten an Schadstoffen über alle Wirkungspfade (in Gramm je Hektar)

Element	Fracht (g/ha x Jahr)
Blei	400
Cadmium	6
Chrom	300
Kupfer	360
Nickel	100
Quecksilber	1,5
Zink	1.200

Prüfwert-Vorschläge zur Ergänzung der BBodSchV

Die Bundes-Bodenschutz- und Altlastenverordnung (BBodSchV) enthält in § 4 nähere Regelungen zur Bewertung der Ergebnisse von Untersuchungen zur Gefährdungsabschätzung von Verdachtsflächen, schädlichen Bodenveränderungen, altlastverdächtigen Flächen und Altlasten. Die materiellen Maßstäbe der Gefahrenbeurteilung werden in der BBodSchV im Anhang 2 durch Prüf- und Maßnahmenwerte für bestimmte Wirkungspfade und Schadstoffe konkretisiert. § 4 Abs. 5 BBodSchV regelt die Bewertung von Schadstoffen, für die in der Verordnung keine Prüf- oder Maßnahmenwerte festgesetzt sind. Für ihre Bewertung sind die zur Ableitung der entsprechenden Werte im Anhang 2 der BBodSchV herangezogenen Methoden und Maßstäbe zu beachten.

Da in der nächsten Zeit nicht mit einer Ergänzung der BBodSchV um weitere Prüfwerte zum Wirkungspfad Boden-Mensch (direkter Kontakt) zu rechnen ist, hat der ständige Ausschuss 5 (Altlastenausschuss – ALA) empfohlen, die Prüfwert-Vorschläge zu übernehmen, die vom Umweltbundesamt abgeleitet worden sind, und sie im behördlichen Vollzug zu berücksichtigen.

Quelle:

Eikmann, T., Heinrich, U., Heinzow, B., Konietzka, R. (Hrsg.): Gefährdungsabschätzung von Umweltschadstoffen. Ergänzbares Handbuch toxikologischer Basisdaten und ihrer Bewertung (Grundwerk 1999). Erich Schmidt Verlag, Berlin

BUNDESMINISTERIUM FÜR UMWELT, NATURSCHUTZ UND REAKTORSICHERHEIT: Prüfwerte für sprengstofftypische Verbindungen. Umwelt Nr. 11/2000, 567-568.

Tabelle 10: Bisher abgeleitete Prüfwert-Vorschläge zur BBodSchV (in mg/kg Trockenmasse)

Tabelle 10: Bisher abgeleitete Prüfwert-Vorschläge zur BBodSchV (in mg/kg Trockenmasse)

Stoff/Stoffgruppe	CAS-Nr.	Kinderspielflächen	Wohngebiete	Park- und Freizeitanlagen	Industrie- und Gewerbegrundstücke
Antimon und seine Verbindungen		50	100	250	250
Beryllium und seine Verbindungen		250	500	500	500
Chrom (VI)	18540-29-9	130	250	250	130
Kobalt und seine Verbindungen		300	600	600	300
Thallium und seine Verbindungen		5	10	25	-
Vanadium und seine Verbindungen		280	560	1.400	-
Benzin	8006-61-9	-	-	-	-
Benzol[a]	71-43-2				
Ethylbenzol[a]	100-41-4				
Chlorbenzol	108-90-7	15	15	-	170
Chloroform[a]	67-66-3	0,1	0,1	-	0,5
Dichlorbenzol; m-	541-73-1	50	50	100	-
Dichlorbenzol; o-	95-50-1	50	50	100	-
Dichlorbenzol; p-	106-46-7	50	50	100	-
Dichlormethan[a]	75-00-2	0,1	0,1	-	2
Dichlorpropan, 1,2-	78-87-5	1	1	-	5
Phenol	108-95-2	50	50	100	-
PAK, gesamt					
Tetrachlorethan, 1,1,2,2-[a]	79-34-5	0,03	0,03	-	0,3
Tetrachlorethen[a] (Perchlorethylen)	127-18-4	1,5	1,5	-	25

Tabelle 10: Bisher abgeleitete Prüfwert-Vorschläge zur BBodSchV (in mg/kg Trockenmasse) (Fortsetzung)

Stoff/Stoffgruppe	CAS-Nr.	Kinderspielflächen	Wohngebiete	Park- und Freizeitanlagen	Industrie- und Gewerbegrundstücke
Toluol[a]	108-88-3	10	10	-	120
Trichlorbenzol, 1,2,4-	120-82-1	25	25	-	300
Trichlorethan, 1,1,1-[a]	71-55-6	15	15	-	180
Trichlorethen[a]	79-01-6	0,3	0,3	-	5
Trimethylbenzol, 1,3,5- und andere TMB-Isomere	108-67-8	200	200	-	2.000
Xylole[a]	1330-20-7	10	10	-	100
Rüstungsaltlastenrelevante Schadstoffe (Prüfwertvorschläge)					
Dinitrodiphenylamin, 2,4-[d]	961-68-2	-[b]	-[b]	-[b]	-[b]
Dinitrotoluol, 2,4-[e]	121-14-2	3	6	15	50
Dinitrotoluol, 2,6-[e]	606-20-2	0,2	0,4	1	5
Diphenylamin	122-39-4	-[c]	-[c]	-[c]	-[c]
Hexogen	121-82-4	100	200	500	500
Hexanitrodiphenylamin (Hexyl)[e]	131-73-7	150	300	750	1.500
Nitrobenzol[e]	98-95-3	1	1	-[c]	15
Nitrodiphenylamin, 2-[d]	119-75-5	-[b]	-[b]	-[b]	-[b]
Nitrodiphenylamin, 4-[d]	836-30-6	-[c]	-[c]	-[c]	-[c]
Oktogen (HMX)	2691-41-0	-[c]	-[c]	-[c]	-[c]
Pentaerythritol-tetranitrat (PETN) Nitropenta	78-11-5	500	1.000	2.500	5.000
Trinitrobenzol; 1,3,5-[d]	99-35-4	-[c]	-[c]	-[c]	-[c]
Trinitrotoluol, 2,4,6-[e]	118-96-7	20	40	100	200
Rüstungsaltlastenrelevante Schadstoffe (behelfsmäßige Bodenorientierungswerte für die Einzelfallprüfung)					
4-Amino-2,6-dinitrotoluol[e]	19406-51-0	20	40	100	200
2-Amino-4,6-dinitrotoluol[e]	35572-78-2	20	40	100	200
Dinitrobenzol, 1,3-[e]	99-65-0	15	30	75	150
N-Methyl-N,2,4,6-tetranitroanilin (Tetryl)[e]	479-45-8	200	400	1.000	2.000

Tabelle 10: Bisher abgeleitete Prüfwert-Vorschläge zur BBodSchV (in mg/kg Trockenmasse) (Fortsetzung)

Stoff/Stoffgruppe	CAS-Nr.	Kinder-spiel-flächen	Wohn-gebiete	Park- und Freizeit-anlagen	Industrie- und Gewerbe-grund-stücke
Nitrotoluol, 2-[e]	88-72-2	0,2	0,4	1	5
Nitrotoluol, 3-[d]	99-08-1	1.000	1.000	-[c]	-[c]
Nitrotoluol, 4-[d]	99-99-0	250	250	-[c]	3.000
Trinitrophenol, 2,4,6- (Pikrinsäure)[d]	88-89-1	8	15	40	80

[a]: flüchtige Stoffe (Hier ist zu beachten, dass es sich bei diesen Stoffen nur um orientierende Hinweise auf Prüfwertkonzentrationen handelt, da die Verlässlichkeit einer generalisierten Prüfwertableitung als gering eingeschätzt wird.). [b]: Wegen einer unzureichenden Datenlage ist die Ableitung von Prüfwerten nicht möglich. [c]: Die errechneten Bodenwerte sind nach Plausibilitätsprüfung aus praktischer Sicht als Prüfwerte nicht relevant. [d]: Bei diesen Stoffen ist mit Kombinationswirkungen zu rechnen unter anderem bezüglich Hämatotoxizität und Testestoxizität. [e]: Bei diesen Stoffen ist auf Grund ihrer nachgewiesenen oder vermuteten kanzerogenen Wirkung mit Kombinationswirkungen zu rechnen.

Empfehlungen der »Bund-Länder-Arbeitsgruppe Dioxine«

Empfehlungen zu nutzungsbezogenen Richtwerten für Böden (Tabelle 11), Rahmenempfehlungen für die Bodennutzung und Sanierungsmaßnahmen kontaminierter Flächen bei Verunreinigung mit Dioxinen / Furanen (PCDD / PCDF) wurden von der »Bund-Länder-Arbeitsgruppe Dioxine« erarbeitet. Eine Bodenbelastung < 5 ng I-TEq/kg Trockenmasse (I-TEq = internationale Toxizitätsäquivalente nach NATO/CCMS) wird als Zielgröße im Sinne des vorsorgenden Handelns angestrebt, wobei Verschlechterungen der Belastungssituation zu vermeiden sind.

Prüfwertvorschläge des niederländischen Reichsgesundheitsamtes (RIVM)

Seit 1994 werden im niederländischen Bodenschutzgesetz Prüfwerte (so genannte »intervention values«) aufgeführt. Diese Prüfwerte stellen ein allgemeines Bodenqualitätskriterium zur Beurteilung einer »schwerwiegenden Gefährdung der Volksgesundheit oder der Umwelt« infolge einer Bodenbelastung dar. Bei ihrer Überschreitung wird unter Würdigung standortspezifischer Bedingungen (zum Beispiel der konkreten Nutzung) ein einzelfallbezogener Sanierungsplan festgelegt. In der Tabel-

Tabelle 11: Richtwertempfehlungen der Bund-Länder-Arbeitsgruppe Dioxine (I-Teq = Internationale 2,3,7,8-TCDD Toxizitätsäquivalente nach NATO/CCMS) (landwirtschaftliche und gärtnerische Bodennutzung)

Richtwert in ng I-TEq/kg Trockenmasse	Empfehlung
< 5	Nutzung ungeprüft möglich
5–40	Prüfaufträge im Sinne der Vorsorge: emissionsmindernde Maßnahmen; bei Verdacht auf erhöhten Gehalt in Lebensmitteln kritische Nutzungen (zum Beispiel Weidewirtschaft, bodennahe Kleintierhaltung) durch weniger kritische ersetzen. Bei Anbau von Feldfutterarten ohne Einschränkung, jedoch starke Verunreinigung mit Bodenpartikel durch geeignete Erntetechniken oder Aufbereitungsverfahren (zum Beispiel Waschen) verhindern. Anbau von Lebensmitteln für den menschlichen Verzehr ohne Einschränkung, zum Beispiel bodennahes Blattgemüse jedoch gut waschen.
> 40	Kein Anbau bodennah wachsender Obst- und Gemüsearten, bodennah wachsender Feldfutterarten sowie keine bodengebundene Nutztierhaltung (möglichst nur Anbau von Pflanzen mit bekanntermaßen minimalem Dioxintransfer)

le 12 sind die von einer Arbeitsgruppe des niederländischen Reichsgesundheitsamtes (RIVM) überarbeiteten Bodenprüfwerte (SRC, serious risk concentration) für Böden zusammengestellt. Sie haben zurzeit den Charakter einer wissenschaftlichen Diskussionsgrundlage, da sie noch nicht in die gesetzliche Regelungen eingeführt sind.

Als Ableitungsgrundlage zur Abschätzung der menschlichen Exposition dient ein so genannter MPR-Wert (maximum permissible risk level), unter dem die Menge einer Substanz verstanden wird, die auch bei täglicher lebenslanger Exposition kein signifikantes Gesundheitsrisiko darstellt. Er wird entweder als TDI-Wert (tolerable daily intake) oder als CR-Wert (carcinogenic risk) ausgedrückt. Das CR wird für gentoxische Kanzerogene abgeleitet und entspricht der Menge einer Substanz, die zu einem zusätzlichen Lebenszeitrisiko von 1 zu 10.000 führt. Unter Verwendung von Expositionsmodellen, die auf realistischen, mittleren Annahmen beruhen, wird aus den MPR-Werten ein SRC_{human} abgeleitet. Neben diesen humantoxikologischen Betrachtungen werden auch entsprechende ökotoxikologische Ableitungen durchgeführt, die zu einem eigenständigen SRC_{ecetox} führen. Um einen möglichst umfassenden Bodenschutz zu gewährleisten, werden beide SRCs zu einem integralen $SRC_{integrated}$ zusammengeführt. Bei dem $SRC_{integrated}$ handelt es sich in der Regel um den niedrigsten der beiden SRC-Werte. Neben der Berücksichtigung der zahlenmäßigen Höhe der beiden einzelnen Prüfwerte wird jedoch auch die Zuverlässigkeit der jeweiligen Ableitung mit berücksichtigt.

Quelle:

LIJZEN, J.P.A., BAARS, A.J., OTTE, P.F., RIKKEN, M., SWARTJES, F.A., VERBRUGGEN, E.M.J., WEZEL, A.P. VAN: Technical evaluation of the Intervention Values for Soil / sediment and Groundwater. Human and ecotoxicological risk assessment and derivation of risk limits for soil, aquatic sediment and groundwater. National Institute of Public Health and the Environment. RIVM Report 711701023 (2001).

BAARS, A.J., THEELEN, R.M.C., JANSSEN, P.J.C.M., HESSE, J.M., VAN APELDOORN, M.E., MEIJERINK, M.C.M., VERDAM, L., ZEILMAKER, M.J.: Re-evaluation of human-toxicological Maximum Permissible Risk levels. National Institute of Public Health and the Environment. RIVM Report 71170102 (2002).

Tabelle 12: Prüfwerte des niederländischen Reichsgesundheitsamtes (RIVM)

	TDI_{oral} (µg/kg x d)	SRC_{human} (mg/kg)	$SRC_{integrated}$ (mg/kg)
Metalle und Elemente			
Arsen	1	576	85
Barium (löslich)	20	9.342	890
Blei	3,6	622	580
Cadmium	0,5	28	13
Chrom III (löslich)	5	2.756	220
Crom VI	5[a]	78	78
Kobalt	1,4	43	43
Kupfer	140	8.600	96
Molybdän	10	1.307	190
Nickel	50	1.470	100
Quecksilber (anorganisch)	2	210	36
Quecksilber (organisch)	0,1	-	4
Zink	500	46.100	350
Aromatische Verbindungen			
Benzol	3,3[b]	1,1	1,1
Dihydroxybenzole (Summe)	25	-	8
Catechol (1,2-Dihydroxybenzol)	40	457	2,6

Tabelle 12: Prüfwerte des niederländischen Reichsgesundheitsamtes (RIVM) (Fortsetzung)

	TDI_{oral} (µg/kg x d)	SRC_{human} (mg/kg)	$SRC_{integrated}$ (mg/kg)
Ethylbenzol	100	111	110
Hydroquinone	25	96	43
Kresole (Summe)	50	365	13
Kresol, o-		324	50
Kresol, m-		423	16
Kresol, p-		354	2,6
Phenol	40	390	14
Resorcinol	20	20	4,6
Styrol	120	472	86
Toluol	223	32	32
Xylol (Summe)	150	156	17
Xylol, o-		109	9,3
Xylol, m-		248	18
Xylol, p-		140	30
Polyzyklische aromatische Kohlenwasserstoffe (PAK)			
Summe PAK (17)	-	-[a]	-
Naphthalin	40	870	17
Anthracen	40	25.500	1,6
Phenanthren	40	23.000	31
Fluoranthen	50[c]	30.300	260
Benzo(a)anthracen	5[c]	3.000	2,5
Chrysen	50[c]	32.000	35
Benzo(a)pyren	0,5[c]	280	7,0
Benzo(ghi)perylen	30	19.200	33
Benzo(k)fluoranthen	5[c]	3.200	38
Indeno(1,2,3-cd)pyren	5[c]	3.200	1,9
Pyren	500[c]	320.000	-
Acenaphthen (1,2-Dihydroacenaphthylen)		**500[c]**	**315.000** -
Acenaphthylen	50[c]	26.000	-
Benzo(b)fluoranthen	5[c]	2.800	-

Tabelle 12: Prüfwerte des niederländischen Reichsgesundheitsamtes (RIVM) (Fortsetzung)

	TDI_{oral} (µg/kg x d)	SRC_{human} (mg/kg)	$SRC_{integrated}$ (mg/kg)
Benzo(j)fluoranthen	5[c]	2.800	-
Dibenz(a,h)anthracen	0,5[c]	70	-
9H-Fluoren	40	23.000	-
Chlorkohlenwasserstoffe			
Dichlorethan, 1,2-	14[c]	6,4	6,4
Dichlormethan	60	68	3,9
Tetrachlormethan	4	0,7	0,7
Tetrachlorethen	16	8,8	9
Trichlormethan	30	5,6	5,6
Trichlorethen	50[a]	10	2,5
Vinylchlorid	0,6[c]	0,0022	0,002
Chlorbenzole, gesamt	-	-	-
Monochlorbenzol	200	114	15
Dichlorbenzole (Summe)	-	476	19
Dichlorbenzol, 1,2-	430	477	17
Dichlorbenzol, 1,3-	-	-	24
Dichlorbenzol, 1,4-	100	475	18
Trichlorbenzole (Summe)		40	11,0
Trichlorbenzol, 1,2,3-	8	59	5,0
Trichlorbenzol, 1,2,4-	8	82	5,1
Trichlorbenzol, 1,3,5-	8	13	13
Tetrachlorbenzole (Summe)	0,5	7,5	2,2
Tetrachlorbenzol, 1,2,3,4-		25	16
Tetrachlorbenzol, 1,2,3,5-		8	0,65
Tetrachlorbenzol, 1,2,4,5-		2,1	1,0
Pentachlorbenzol	0,5	6,7	6,7
Hexachlorbenzol	0,16[c]	2,7	2,0
Chlorophenole, gesamt	-	-[e]	-
Monochlorphenole (Summe)	3	77	5,4
Monochlorphenol, o-		40	7,8

Tabelle 12: Prüfwerte des niederländischen Reichsgesundheitsamtes (RIVM) (Fortsetzung)

	TDI_{oral} (µg/kg x d)	SRC_{human} (mg/kg)	$SRC_{integrated}$ (mg/kg)
Monochlorphenol, m-		200	14
Monochlorphenol, p-		57	1,4
Dichlorophenole (Summe)	3	105	22
Dichlorphenol, 2,3-		117	31
Dichlorphenol, 2,4-		114	8,4
Dichlorphenol, 2,5-		155	53
Dichlorphenol, 2,6-		148	57
Dichlorphenol, 3,4-		161	27
Dichlorphenol, 3,5-		27	5,4
Trichlorphenole (Summe)	3	231	22
Trichlorphenol, 2,3,4-		186	30
Trichlorphenol, 2,3,5-		199	4,5
Trichlorphenol, 2,3,6-		198	110
Trichlorphenol, 2,4,5-		254	22
Trichlorphenol, 2,4,6-		327	8,1
Trichlorphenol, 3,4,5-		247	39
Tetrachlorphenole (Summe)	3	172	21
Tetrachlorphenol, 2,3,4,5-		343	64
Tetrachlorphenol, 2,3,4,6-		80	13
Tetrachlorphenol, 2,3,5,6-		184	12
Pentachlorphenol	3	20	12
Chlornaphthaline (Summe)	80	29	23
Chlornaphthalin, 1-		19	18
Chlornaphthalin, 2-		45	30
Polychlorierte Biphenyle (PCB) (7)	0,01	-[e]	-[e]
PCB28		0,69	0,69
PCB52		0,28	0,28
PCB101		0,61	0,61
PCB118		1,9	1,9
PCB138		0,32	0,32

Tabelle 12: Prüfwerte des niederländischen Reichsgesundheitsamtes (RIVM) (Fortsetzung)

	TDI_{oral} (µg/kg x d)	SRC_{human} (mg/kg)	$SRC_{integrated}$ (mg/kg)
PCB153		0,46	0,46
PCB180		0,17	0,17
Dioxine (PCDF und PCB)[d]	0,000004	0,00036	0,00036
2,3,7,8-TeCDD; TEF=1[d]	0,000004	0,00031	
PCDD; TEF=1[d]	0,000004	0,00031	
HxCDD; TEF 0,1[d]	0,000004	0,00032	
HpCDD; TEF=0,01[d]	0,000004	0,00032	
OCDD; TEF=0,0001[d]	0,000004	0,00032	
PCB77; TEF=0,0001[d]	0,000004	0,00063	
PCB105; TEF=0,0001[d]	0,000004	0,00063	
PCB118; TEF=0,0001[d]	0,000004	0,00076	
PCB126; TEF=0,1[d]	0,000004	0,00030	
PCB156; TEF=0,0005[d]	0,000004	0,00032	
PCB157; TEF=0,0005[d]	0,000004	0,00032	
PCB169; TEF=0,01[d]	0,000004	0,00026	
TetraCDF; TEF=0,1[d]	0,000004	0,00031	
PentaCDF; TEF=0,5/0,05[d]	0,000004	0,00031	
HexaCDF; TEF=0,1[d]	0,000004	0,00031	
HeptaCDF; TEF=0,01[d]	0,000004	0,00032	
OctaCDF; TEF=0,0001[d]	0,000004	0,00032	
Pestizide			
Aldrin und Dieldrin		-[e]	0,22
Aldrin	0,1	0,32	0,32
Atrazin (Triazine)	5	18	0,71
Carbaryl	3	107	0,45
Carbofuran	2	5,7	0,017
DDT/DDE, gesamt	0,5	23	-
DDE	0,5	17	1,3
DDD	0,5	42	34
DDT	0,5	31	1

Tabelle 12: Prüfwerte des niederländischen Reichsgesundheitsamtes (RIVM) (Fortsetzung)

	TDI_{oral} (µg/kg x d)	SRC_{human} (mg/kg)	$SRC_{integrated}$ (mg/kg)
Dieldrin	0,1	9,1	9,1
Endrin	0,2	16	0,095
HCH, gesamt	-	-	-
α-HCH	1	20	17
β-HCH	0,02	1,6	1,6
γ-HCH (Lindan)	0,04	1,3	1,2
Maneb	50	-	22
Andere Schadstoffe			
Mineralöle	-	-[a]	-
Aliphaten EC 5–6	2.000	35	
Aliphaten EC >6–8	2.000	109	
Aliphaten EC >8–10	100	28	
Aliphaten EC >10–12	100	152	
Aliphaten EC >12–16	100	55000	
Aliphaten EC >16–21	2.000	1.280.000	
Aromaten EC 5–7	200	29	
Aromaten EC >7–8	200	62	
Aromaten EC >8–10	40	59	
Aromaten EC >10–12	40	317	
Aromaten EC >12–16	40	5900	
Aromaten EC >16–21	30	17.500	
Aromaten EC >21–35	30	19.200	
Cyclohexanon	4.600	214	150
Phthalate, gesamt	4	-	-
Dimethylphthalat	4	82	82
Diethylphthalat	200[a]	17.000	53
Di-isobutylphthalat	4	83	17
Dibutylphthalat	52	22.600	36
Butylbenzylphthalat	500	294.000	48
Dihexylphthalat	4	381	220

Tabelle 12: Prüfwerte des niederländischen Reichsgesundheitsamtes (RIVM) (Fortsetzung)

	TDI_{oral} (µg/kg x d)	SRC_{human} (mg/kg)	$SRC_{integrated}$ (mg/kg)
Di(2-ethylhexyl)phthalat	4	60	60
Pyridin	1	11	11
Tetrahydrofuran	10[a]	7	7,0
Tetrahydrothiophen	180[a]	234	8,8

[a]: vorläufiger TDI; [b]: vorläufiger CR-Wert; [c]: CR-Wert; [d]: Werte ausgedrückt als TEQ auf der Grundlage des 2,3,7,8-TCDD; [e]: Kein Summenwert abgeleitet, gegebenenfalls ist das „toxic-unit"-Verfahren zur Abschätzung heranzuziehen.

Wertsetzungen zum Schutz vor schädlichen Lärmwirkungen

Lärmschutz an Arbeitsplätzen

Für den Lärm am Arbeitsplatz gelten die Hinweise in der Arbeitsstättenverordnung (§ 15) beziehungsweise in den Unfallverhütungsvorschriften, nach denen der Schallpegel in Arbeitsräumen so niedrig zu halten ist, wie es nach der Art des Betriebes möglich ist. In Tabelle 1 sind die Schallpegel angegeben, die höchstens zugelassen sind.

Quelle:

Verordnung über Arbeitsstätten (Arbeitsstättenverordnung - ArbStättV) vom 20.3.1975, BGBl. I S. 729, zuletzt geändert durch Verordnung vom 27.9.2002, BGBl. I S. 3777. Unfallverhütungsvorschrift BGV B3, Lärm. Berufsgenossenschaftliche Vorschrift für Sicherheit und Gesundheit bei der Arbeit vom 1. April 1991, in der Fassung vom 1. Januar 1997.

Straßen-, Schienen- und Wasserverkehrslärm

Eine generelle verbindliche Regelung zum Schutz vor Verkehrslärm gibt es nicht. Lediglich im Rahmen des Neubaus beziehungsweise wesentlicher Änderungen von öffentlichen Straßen beziehungsweise Straßenbahn- und Eisenbahnschienenwegen gelten zum Schutz der Nachbarschaft die Immissionsgrenzwerte der Verkehrslärmschutzverordnung (Tabelle 2). Eine wesentliche Änderung liegt vor, wenn die Straße oder Schiene um einen oder mehrere Fahrstreifen beziehungsweise durchgehende Gleise erweitert wird oder sich der Verkehrslärm um mindestens 3 dB(A) oder am Tag auf mindestens 70 dB(A) beziehungsweise nachts auf mindestens 60 dB(A) erhöht. Hierbei ist

Tabelle 1: Lärmschutz nach der Arbeitsstättenverordnung

Tätigkeit	Richtwert in dB(A)
bei überwiegend geistiger Tätigkeit	55
bei einfachen oder überwiegend mechanisierten Bürotätigkeiten und vergleichbaren Tätigkeiten	70*
bei allen sonstigen Tätigkeiten	85
in Pausen-, Bereitschafts-, Liege- und Sanitätsräumen (generell)	55

*: soweit der Beurteilungspegel nach der betrieblich möglichen Lärmminderung zumutbarerweise nicht einzuhalten ist, darf er bis zu 5 dB(A) überschritten werden

zu beachten, dass Fahrzeuggeräusche auf Betriebs- und Werksgeländen, in Anlieferungsbereichen von Verkaufseinrichtungen und auf privatem Gelände als Gewerbe- beziehungsweise Nachbarschaftslärm gewertet werden. Für den Neubau und die wesent- liche Änderung von Magnetschwebebahnen gelten die Immissionsgrenzwerte der Magnetschwebebahn-Lärmschutzverordnung, die denen der Verkehrslärmschutzverordnung entsprechen. Wasserverkehrslärm wird gemessen und bewertet in Anlehnung an die DIN 18005 (siehe unter „Schallschutz im Städtebau«).

Bei Überschreitung der Immissionsgrenzwerte sind bauliche Schallschutzmaßnahmen nach den Berechnungen der Richtlinie für den Lärmschutz an Straßen (RLS-90) beziehungsweise der Richtlinie zur Berechnung von Schallimmissionen von Schienenwegen (Schall 03) durchzuführen. Nur wenn ihre Kosten außer Verhältnis zum angestrebten Schutzzweck stehen, werden Schallschutzmaßnahmen an den Gebäuden selbst erforderlich. Die Berechnung der notwendigen Schalldämmung erfolgt dabei auf Grund der Verkehrswege-Schallschutzmaßnahmenverordnung (24. BImSchV).

In verschiedenen Bundesländern und Kommunen werden auf der Grundlage haushaltsrechtlicher Regelungen rechtlich nicht zwingende, freiwillige Lärmsanierungen an bestehenden Verkehrswegen durchgeführt. So sind entsprechende Regelungen für Bundesfernstraßen in der Baulast des Bundes in einer Richtlinie des Bundesministeriums für Verkehr (VLärmSchR 97) (Tabelle 2) zusammengestellt.

Quelle:

Sechzehnte Verordnung zur Durchführung des Bundes-Immissionsschutzgesetzes (Verkehrslärmschutzverordnung - 16. BImSchV) vom 12.6.1990. BGBl. I S. 1036, geändert durch Sechstes Überleitungsgesetz vom 25.9.1990. BGBl. I. S. 2106.

Magnetschwebebahn-Lärmschutzverordnung, 1997, BGBl. I S. 2338-2343 (Artikel 2 der Magnetschwebebahnverordnung vom 23. September 1997, BGBl. 1997 I S. 2329).

Vierundzwanzigste Verordnung zur Durchführung des Bundes-Immissionsschutzgesetzes (Verkehrswege-Schallschutzmaßnahmenverordnung – 24. BImSchV) vom 04. Februar 1997 (BGBl. I S. 1253) – (BGBl. III 2129-8-1-24) –, geändert durch Verordnung vom 23. September 1997 (BGBl. I S. 2329, 2344).

Richtlinie für den Lärmschutz an Straßen – RLS 90 –, Ausgabe 1990, Forschungsgesellschaft für das Straßen- und Verkehrswesen, Verkehrsblatt Nr. 7 (Amtsblatt des Bundesministers für Verkehr) vom 14. April 1990, lfd. Nr. 79.

Tabelle 2: Immissionsgrenzwerte im Verkehrslärm in dB(A), (Beurteilungsgröße: berechneter Beurteilungspegel aus Mittelungspegeln)				
Gebietsdefinition	**Verkehrslärmschutz-verordnung (16. BImSchV)**		**VLärmSchR 97**	
	Tag*	**Nacht****	**Tag***	**Nacht****
An Krankenhäusern, Schulen, Kurheimen und Altenheimen	57	47	70	60
In reinen und allgemeinen Wohngebieten und Kleinsiedlungsgebieten	59	49	70	60
In Kerngebieten, Dorfgebieten und Mischgebieten	64	54	72	62
In Gewerbegebieten	69	59	75	65

*: Tag: 6.00-22.00 Uhr; **Nacht 22.00-6.00 Uhr

Richtlinien für den Verkehrslärmschutz an Bundesfernstraßen in der Baulast des Bundes – Verkehrslärmschutzrichtlinien (VLärmSchR 97) –, Ausgabe 1997.

Richtlinie zur Berechnung der Schallimmissionen von Schienenwegen – Schall 03 –, Bundesbahn-Zentralamt München, Ausgabe 1990 (Amtsblatt der Deutschen Bundesbahn Nr. 14 vom 4. April 1990, lfd. Nr. 133).

DIN 18005, Teil 1. Schallschutz im Städtebau. Ausgabe Mai 1987.

Luftverkehrslärm

Zum Schutz der Allgemeinheit vor Lärmemissionen in der Umgebung von Verkehrsflughäfen mit Linienflugverkehr und von militärischen Flugplätzen mit Strahlflugzeugbetrieb gilt das Fluglärmgesetz von 1971. Mit ihm werden keine Immissionsgrenzwerte festgesetzt, sondern Lärmschutzbereiche mit zwei Schutzzonen definiert (Tabelle 3), in denen zum Beispiel Einschränkungen zur baulichen Nutzung festgeschrieben sind und gegebenenfalls Lärmschutzmaßnahmen an Gebäuden erforderlich werden. In der wissenschaftlichen Literatur wird der Schutzrahmen des Fluglärmgesetzes mittlerweile als veraltet angesehen und zum Beispiel vom Umweltbundesamt neue Schutzstandards gefordert.

Quelle:

Gesetz zum Schutz gegen Fluglärm (Fluglärmgesetz) vom 30. März 1971, BGBl. I S. 282, zuletzt geändert durch Gesetz vom 29. Oktober 2001, BGBl. I S. 2785.

Tabelle 3: Lärmschutzbereiche nach dem Fluglärmgesetz

Lärmschutz-bereich	äquivalenter Dauerschallpegel	Beschränkungen*
Schutzzone 1	mehr als 75 dB(A)	Es dürfen keine Wohnungen gebaut werden. Bei Erweiterung oder Neubau eines Flughafens müssen auch bei bestehenden Wohnungen Schallschutzmaßnahmen durchgeführt werden
Schutzzone 2	mehr als 67 dB(A)	Neu errichtete Wohnungen müssen erhöhten Anforderungen genügen

*Krankenhäuser, Schulen oder ähnlich schützenswerte Einrichtungen dürfen im gesamten Lärmschutzbereich nicht errichtet werden

Gewerbe- und Industrielärm

Zur Beurteilung des Gewerbe- und Industrielärms aus genehmigungs- und nichtgenehmigungsbedürftigen Betrieben sind die Immissionsrichtwerte der Sechsten Allgemeinen Verwaltungsvorschrift zum Bundes-Immissionsschutzgesetz (TA Lärm) heranzuziehen. Die Immissionswerte sind gebietsbezogen gestaffelt und beziehen sich, je nach Schutzbedürftigkeit, auf ein bau- und planungsrechtlich abgegrenztes Gebiet. Der eigentliche Beurteilungspegel des von der Anlage am Immissionsort einwirkenden Geräusches ist ein gemittelter Zahlenwert (mit Zuschlägen für bestimmte Geräuschmerkmale oder spezielle Einwirkzeiten), der aus Mess- und Prognosewerten gebildet wird. Überschreitet der Beurteilungspegel außerhalb des zu schützenden Gebäudes den Immissionsrichtwert der TA Lärm, ist im Allgemeinen von einer schädlichen Umwelteinwirkung im Sinne des § 3 Abs. 1 des Bundes-Immissionsschutzgesetzes auszugehen. Nicht in den Geltungsbereich der TA Lärm fallen folgende Anlagen: Sportanlagen (die der 18. BImSchV unterliegen); sonstige nicht genehmigungsbedürftige Freizeitanlagen sowie Freiluftgaststätten; nicht genehmigungsbedürftige landwirtschaftliche Anlagen; Schießplätze, auf denen mit Waffen ab Kaliber 20 mm geschossen wird; Tagebaue und die zum Betrieb eines Tagebaus erforderlichen Anlagen; Baustellen; Seeumschlagsanlagen; Anlagen für soziale Zwecke.

Neben der TA Lärm können, im Wesentlichen bei nicht genehmigungsbedürftige Anlagen, die Immissionsrichtwerte der VDI 2058 Blatt 1 zur Beurteilung herangezogen werden.

Quelle:

Sechste Allgemeine Verwaltungsvorschrift zum Bundes-Immissionsschutzgesetz (Technische Anleitung zum Schutz gegen Lärm - TA Lärm) vom 26. August 1998 (GMBl. S. 503).

VDI 2058, Blatt 1, Beurteilung von Arbeitslärm in der Nachbarschaft. Verein Deutscher Ingenieure, Düsseldorf, 1985.

Tabelle 4: Immissionsrichtwerte der TA Lärm und VDI 2058 Blatt 1 (Tag = 6.00 - 22.00 Uhr, Nacht = 22.00 - 6.00 Uhr)

Gebietsdefinition nach TA Lärm	Gebietsdefinition nach VDI 2058 Blatt 1	Immissionsrichtwert in dB(A)	
		Tag	Nacht
Kurgebiete, Krankenhäuser, Pflegeanstalten	Kurgebiete, Krankenhäuser, Pflegeanstalten, soweit sie als solche durch Orts- oder Straßenbeschilderung ausgewiesen sind	45	35
Gebiete, in denen ausschließlich Wohnungen untergebracht sind	Einwirkungsorte, in deren Umgebung ausschließlich Wohnungen untergebracht sind (vgl. reines Wohngebiet, § 3 BauNVO)	50	35
Gebiete, in denen vorwiegend Wohnungen untergebracht sind	Einwirkungsorte, in deren Umgebung vorwiegend Wohnungen untergebracht sind (vgl. allgemeine Wohngebiete, § 4 BauNVO)	55	40
Gebiete mit gewerblichen Anlagen und Wohnungen, in denen weder vorwiegend gewerbliche Anlagen noch vorwiegend Wohnungen untergebracht sind	Einwirkungsorte, in deren Umgebung weder vorwiegend gewerbliche Anlagen noch vorwiegend Wohnungen untergebracht sind (vgl. u. a. Kerngebiete § 7, Mischgebiete § 6 BauNVO)	60	45
Gebiete, in denen vorwiegend gewerbliche Anlagen untergebracht sind	Einwirkungsorte, in deren Umgebung vorwiegend gewerbliche Anlagen untergebracht sind (vgl. Gewerbegebiet § 8 BauNVO)	65	50
Gebiete, in denen nur gewerbliche oder industrielle Anlagen und Wohnungen für Inhaber und Leiter der Betriebe sowie für Aufsichts- und Bereitschaftspersonen untergebracht sind	Einwirkungsorte, in deren Umgebung nur gewerbliche Anlagen und ggf. ausnahmsweise Wohnungen für Inhaber und Leiter der Betriebe untergebracht sind (vgl. Industriegebiete § 9 BauNVO)	70	70

BauNV: Baunutzungsverordnung. Kurzzeitige Geräuschspitzen dürfen den Richtwert am Tag um nicht mehr als 30 dB(A) und in der Nacht um nicht mehr als 20 dB(A) überschreiten. Bei seltenen Ereignissen betragen die Immissionsrichtwerte für den Beurteilungspegel tags 70 dB(A) und nachts 55 dB(A).
Für Kurgebiete, Krankenhäuser und Pflegeanstalten sowie reine Wohngebiete und Kleinsiedlungsgebiete gilt ein Zuschlag von 6 dB(A) zur Berücksichtigung der erhöhten Störwirkung von Geräuschen während folgender Zeiten:

an Werktagen 6.00-7.00 Uhr und 20.00-22.00 Uhr
an Sonn- und Feiertagen 6.00-9.00 Uhr und 13.00-15.00 Uhr und 20.00-22.00 Uhr

Sport- und Freizeitlärm

Für die Errichtung, die Beschaffenheit und den Betrieb von Sportanlagen, soweit sie nicht nach § 4 des Bundes-Immissionsschutzgesetzes genehmigungsbedürftig sind (z. B. Fußballstadien, Tennisplätze), gelten die Immissionsrichtwerte (Tabelle 5) der Sportanlagenlärmschutzverordnung (18. BImSchV). Sie gelten nicht für Motorsportanlagen und Schießstände. Es ist zu berücksichtigen, dass für Anlagen, die vor dem Inkrafttreten dieser Verordnung baurechtlich genehmigt oder errichtetet wurden, zeitliche Beschränkungen des Sportbetriebs nicht angeordnet werden sollen, wenn die Immissionsrichtwerte um weniger als 5 dB(A) überschritten sind. Bei »seltenen Ereignissen« (höchstens an 18 Tagen eines Jahres) dürfen die Richtwerte um 10 dB(A) überschritten werden, sofern dies trotz getroffener Schallschutzmaßnahmen nach dem Stand der Technik unvermeidbar ist.

Lärm von Freizeitanlagen, die nicht unter die 18. BImSchV fallen (z. B. Spielhallen, Rummelplätze, Autokinos, Freizeit-

Tabelle 5: Immissionsrichtwerte der 18. BImSchV und der Freizeitlärm-Richtlinie (z. B. im Runderlass in Nordrhein-Westfalen)

Gebietsausweisung	**Immissionsrichtwert in dB(A)**		
	tags		**nachts**
	außerhalb der Ruhezeiten	**innerhalb der Ruhezeiten**	
Kurgebiete, Krankenhäuser, Pflegeanstalten	45	45	35
Reine Wohngebiete	50	45	35
Allgemeine Wohngebiete, Kleinsiedlungsgebiete	55	50	40
Kern-, Dorf-, Mischgebiete	60	55	45
Gewerbegebiete	65	60	50
Industriegebiete*	70	70	70

*: nur in der Freizeitlärm-Richtlinie;
Die festgesetzten Immissionsrichtwerte beziehen sich auf folgende Zeiten:

tags	an Werktagen:	6.00 bis 22.00 Uhr
	an Sonn- u. Feiertagen:	7.00 bis 22.00 Uhr
nachts	an Werktagen:	0.00 bis 6.00 Uhr, 22.00 bis 24.00 Uhr
	an Sonn- u. Feiertagen:	0.00 bis 7.00 Uhr, 22.00 bis 24.00 Uhr
Ruhezeit	an Werktagen:	6.00 bis 8.00 Uhr 20.00 bis 24.00 Uhr
	an Sonn- u. Feiertagen:	7.00 bis 9.00 Uhr, 13.00 bis 15.00 Uhr, 20.00 bis 22.00 Uhr

parks, Grill-, Spiel- oder Badeplätze, Zirkusse und ähnliche Einrichtungen), wird nach dem Anhang B der Musterverwaltungsvorschrift zur Ermittlung, Beurteilung und Verminderung von Geräuschimmissionen des LAI (Freizeitlärm-Richtlinie), gegebenenfalls unter Hinzuziehung der TA Lärm, bewertet. Diese Freizeitlärm-Richtlinie ist in einzelnen Bundesländern (ggf. mit Änderungen) eingeführt und entspricht von den Wertsetzungen weitgehend der Sportanlagenlärmschutzverordnung.

Quelle:

Achtzehnte Verordnung zur Durchführung des Bundes-Immissionsschutzgesetzes. (Sportanlagenlärmschutzverordnung - 18. BImSchV) vom 18.7.1991. BGBl. I S. 1588.
LAI: Musterverwaltungsvorschrift zur Ermittlung, Beurteilung und Verminderung von Geräuschimmissionen. Anhang B. Freizeitlärm-Richtlinie.

Gewerblicher Baulärm

Unter gewerblichem Baulärm werden Geräusche bei gewerblichen Bauarbeiten, wie Arbeiten zur Errichtung, Änderung, Unterhaltung baulicher Anlagen sowie deren Abbruch, verstanden. Auch Lärm durch Bauarbeiten in der Wohnung, so-

Tabelle 6: Immissionsrichtwerte der Allgemeinen Verwaltungsvorschrift zum Schutz gegen Baulärm

Gebietsausweisung	**Immissionsrichtwert in dB(A)**	
	tags	**nachts**
Gebiete, in denen nur gewerbliche oder industrielle Anlagen und Wohnungen für Inhaber und Leiter der Betriebe sowie für Aufsichts- und Bereitschaftspersonen untergebracht sind	70	70
Gebiete, in denen vorwiegend gewerbliche Anlagen untergebracht sind	65	50
Gebiete mit gewerblichen Anlagen und Wohnungen, in denen weder vorwiegend gewerbliche Anlagen noch vorwiegend Wohnungen untergebracht sind	60	45
Gebiete, in denen vorwiegend Wohnungen untergebracht sind	55	40
Gebiete, in denen ausschließlich Wohnungen untergebracht sind	50	35
Kurgebiete, Krankenhäuser und Pflegeanstalten	45	35

Als Nachtzeit gilt die Zeit von 20 Uhr bis 7 Uhr.

fern sie von einer Firma und nicht privat durchgeführt werden, fällt ebenfalls in diese Kategorie. In diesen Fällen gelten die Immissionsrichtwerte der Allgemeinen Verwaltungsvorschrift zum Schutz gegen Baulärm (Tabelle 6). Darüber hinaus ist die Fünfzehnte Verordnung zur Durchführung des Bundes-Immissionsschutzgesetzes (15. BImSchV) zu berücksichtigen, die festlegt, dass Geräusche von Baumaschinen die zulässigen Geräuschemissionswerte, wie sie in den Richtlinien der Europäischen Gemeinschaften festgelegt sind, nicht überschreiten dürfen. Andere Baumaschinen dürfen gewerbsmäßig oder im Rahmen wirtschaftlicher Unternehmungen nicht in den Verkehr gebracht werden.

Quelle:

Allgemeine Verwaltungsvorschrift zum Schutz gegen Baulärm - Geräuschimmissionen - vom 19. August 1970. Bundesanzeiger Nr. 160 vom 1. September 1970.

Fünfzehnte Verordnung zur Durchführung des Bundes-Immissionsschutzgesetzes (Baumaschinenlärm-Verordnung - 15. BImSchV) vom 10. November 1986 (BGBl. I S. 1729), zuletzt geändert am 3. Mai 2000 (BGBl. I S. 633).

Nachbarschaftslärm

Hierbei handelt es sich um verhaltensbedingten Lärm, der durch Privatpersonen in deren Nachbarschaft hervorgerufen wird. Zum Schutz der Allgemeinheit existieren lediglich länderbezogene Regelungen in Landesimmissionsschutzgesetzen beziehungsweise Lärmverordnungen oder kommunale Regelungen. Falls die vorgenannten speziellen Regelungen nicht anzuwenden sind, kann § 117 Ordnungswidrigkeitengesetz (OwiG) angewandt werden, der festlegt, dass ordnungswidrig handelt, wer ohne berechtigten Anlass oder in einem unzulässigen oder nach den Umständen vermeidbaren Ausmaß Lärm erregt, der geeignet ist, die Allgemeinheit oder die Nachbarschaft erheblich zu belästigen oder die Gesundheit eines anderen zu schädigen.

Um unzumutbare Lärmbelästigung in Wohnräumen zu vermeiden, sind Grundlagen zum Schallschutz zudem in der DIN 4109 niedergelegt worden. Bei Geräuschübertragung innerhalb von Gebäuden und bei Körperschallübertragung betragen die Immissionsrichtwerte nach DIN 4109 unabhängig von der Lage des Gebäudes im Innenraum tags 35 dB(A) und nachts 25 dB(A). Einzelne kurzzeitige Geräuschspitzen dürfen die Immissionsrichtwerte um nicht mehr als 10 dB(A) überschreiten.

Darüber hinaus sollen die achte und die zweiunddreißigste Verordnung zum

Bundes-Immissionsschutzgesetz den Schallschutz gegenüber Lärmemissionen von Rasenmähern und Maschinen sicherstellen. In ihnen ist das Inverkehrbringen und der Betrieb derartiger Geräte geregelt und sind Einschränkungen des Betriebs festgelegt.

Quelle:

Achte Verordnung zur Durchführung des Bundes-Immissionsschutzgesetzes (Rasenmäherlärm-Verordnung – 8. BImSchV) vom 13.7.1992, BGBl. I S. 1248.
Zweiunddreißigste Verordnung zur Durchführung des Bundes-Immissionsschutzgesetzes (Geräte- und Maschinenlärmschutzverordnung – 32. BImSchV) vom 29. August 2002, BGBl. I S. 3478.
DIN 4109 »Schallschutz im Hochbau – Anforderungen und Nachweise«, November 1989.

Schallschutz im Rahmen der Stadtplanung

Für die städtebauliche Planung sind von einem Sachverständigengremium des DIN Orientierungswerte (Tabelle 7) erstellt worden. Die Orientierungswerte stellen eine sachverständige Konkretisierung für in der Planung zu berücksichtigende Ziele des Schallschutzes dar. Ihre Einhaltung kann unter Vorsorgegesichtspunkten als wünschenswert angesehen werden.

Tabelle 7: Orientierungswerte nach DIN 18005 Teil 1 Beiblatt 1

Nutzung	**Orientierungswert in dB(A)**	
	tags	**nachts***
In reinen Wohngebieten, Wochenendhausgebieten, Ferienhausgebieten	50	40 / 35
In reinen allgemeinen Wohngebieten, Kleinsiedlungsgebieten und Campingplatzgebieten	55	45 / 40
Bei Friedhöfen, Kleingartenanlagen und Parkanlagen	55	55
Bei besonderen Wohngebieten	60	45 / 40
Bei Dorfgebieten und Mischgebieten	60	50 / 45
Bei Kerngebieten und Gewerbegebieten	65	55 / 50
Bei sonstigen Sondergebieten, soweit sie schutzbedürftig sind, je nach Nutzungsart	45-65	35-65

Tag: 6.00-22.00 Uhr; Nacht: 22.00-6.00 Uhr;
*Bei den zwei angegebenen Nachtwerten soll der niedrigere für Industrie-, Gewerbe- und Freizeitlärm sowie für Geräusche von vergleichbaren öffentlichen Betrieben gelten.

Toxikologische Wertsetzungen

Duldbare tägliche Aufnahmemengen (ADI-Werte)

ADI-Werte (acceptable daily intake) werden von Experten-Gruppen der WHO (World Health Organization) und der FAO (Food and Agriculture Organization of the United Nations) nach bestimmten Konventionen festgesetzt. Unter ihnen wird die Menge eines Stoffes verstanden (ausgedrückt in mg/kg Körpergewicht), die täglich lebenslang über Lebensmittel ohne erkennbaren Schaden für die Gesundheit aufgenommen werden kann (Tabelle 1). Für Deutschland legt das Bundesinstitut für Risikobewertung (BfR) im Rahmen des Zulassungsverfahrens für Pflanzenschutzmittel, entsprechende Werte nach denselben Prinzipien fest.

In einzelnen Fällen können Unterschiede zwischen dem ADI-Wert der WHO und dem des BfR für dieselbe Substanz dadurch zustande kommen, dass die Bewertung zu unterschiedlichen Zeitpunkten bei ungleichem Kenntnisstand erfolgte oder zur Ableitung der ADI-Werte unterschiedliche Studien zugrunde gelegt oder verschiedene Sicherheitsfaktoren auf die Datenbasis angewendet wurden.

Quelle:

ADI-Werte und gesundheitliche Trinkwasser-Leitwerte für Pflanzenschutzmittel-Wirkstoffe, Ausgabe 11 (4.12.2002). Bundesgesundheitsbl.-Gesundheitsforsch.-Gesundheitsschutz 46 (2003) 354-361.

Tabelle 1: Liste der ADI-Werte

Wirkstoff	ADI (WHO) mg/kg	Jahr	ADI (BfR) mg/kg	Jahr
Abamectin	0,002	97	0,002	01
Acephat	0,03	90	0,0025	01
Aclonifen			0,01	02
Aldicarb	0,003	92	0,003	94
Aldimorph			0,01	91
Ametryn			0,015	93
Amidosulfuron			0,2	93
Amitraz	0,01	98	0,003	92
Amitrol	0,002	97	0,00003	91
Anilazin	0,1	89	0,1	91

Tabelle 1: Liste der ADI-Werte (Fortsetzung)

Wirkstoff	ADI (WHO) mg/kg	Jahr	ADI (BfR) mg/kg	Jahr
Azaconazol			0,04	94
Azinphos-methyl	0,005	91	0,005	93
Azocyclotin	0,007	94	0,001	93
Azoxystrobin			0,1	02
Benalaxyl	0,05	87	0,05	95
Bendiocarb	0,004	84	0,004	94
Benfuracarb			0,013	92
Benomyl	0,1	95	0,03	97
Bentazon	0,1	98	0,1	92
Benzoesäure	5,0	74	5,0	02
Bifenox			0,075	96
Bitertanol	0,01	98	0,01	92
Blausäure	0,05	65	0,05	92
Bromacil			0,025	89
Bromfenoxim			0,0015	89
Bromoxynil			0,01	01
Brompropylat	0,03	93	0,03	92
Bromuconazol			0,01	94
Buprofezin	0,01	91	0,01	96
Butocarboxim			0,02	90
Cadusafos	0,0003	91	0,0005	91
Captan	0,1	95	0,1	96
Carbendazim	0,03	95	0,02	97
Carbetamid			0,03	91
Carbofuran	0,002	96	0,01	92
Carbosulfan	0,01	86	0,01	89
Carboxin			0,01	95
Carfentrazoneethyl			0,03	98
Chinomethionat	0,006	87	0,006	91
Chlorfenvinphos	0,0005	94	0,001	94
Chlorflurenol			0,075	90

Tabelle 1: Liste der ADI-Werte (Fortsetzung)

Wirkstoff	ADI (WHO) mg/kg	Jahr	ADI (BfR) mg/kg	Jahr
Chloridazon			0,16	94
Chlormequat	0,05	97	0,05	92
Chlorpropham	0,03	00	0,05	01
Chlorpyrifos	0,01	99	0,01	00
Chlorpyrifosmethyl	0,01	99	0,01	01
Chlorthalonil	0,03	92	0,015	01
Chlortoluron			0,02	01
Cinidonethyl			0,01	98
Clethodim	0,01	94	0,01	98
Clodinafoppropargyl			0,004	95
Clofentezin	0,02	86	0,02	91
Clomazone			0,043	95
Clopyralid			0,15	93
Cloquintocetmexyl			0,04	95
Cyanamid			0,002	90
Cyazofamid			0,17	00
Cycloat			0,005	89
Cycloxydim	0,07	92	0,07	93
Cyfluthrin	0,02	97	0,02	00
Cyfluthrin,beta-			0,02	91
Cyhalothrin,lambda-			0,005	01
Cyhexatin	0,007	94	0,001	92
Cymoxanil			0,025	92
Cypermethrin	0,05	96	0,05	89
Cypermethrin, alpha-	0,02	96	0,025	91
Cyproconazol			0,01	94
Cyprodinil			0,03	96
Diphenoxyessigsäure, (2,4-D)	0,01	96	0,05	01
Dalapon			0,05	89
Dazomet			0,004	92
Deiquat	0,002	93	0,002	95

Tabelle 1: Liste der ADI-Werte (Fortsetzung)

Wirkstoff	ADI (WHO) mg/kg	Jahr	ADI (BfR) mg/kg	Jahr
Deltamethrin	0,01	00	0,01	93
Demeton-S-methyl (a)	0,0003	89	0,0003	91
Desmedipham			0,03	02
Desmetryn			0,0014	93
Diazinon	0,002	93	0,002	93
Dicamba			0,03	96
Dichlobenil			0,01	89
Dichlofluanid	0,3	83	0,025	96
Dichlorprop/-P			0,03	93
Dichlorvos	0,004	93	0,004	92
Diclofop			0,001	94
Didecyldimethylamin			0,15	91
Diethofencarb			0,43	02
Difenoconazol			0,01	93
Difenzoquat			0,015	89
Diflubenzuron	0,02	94	0,02	91
Diflufenican			0,019	93
Dimefuron			0,02	89
Dimethachlor			0,02	98
Dimethenamid			0,04	95
Dimethenamid-p			0,05	99
Dimethoat	0,002	96	0,002	00
Dimethomorph			0,1	92
Diniconazol			0,007	99
Dithianon	0,01	92	0,01	91
Diuron			0,007	97
DNOC			0,005	90
Eisen-III-phosphat (c)			0,8	02
Endosulfan	0,006	98	0,006	93
Epoxiconazol			0,0032	93
EPTC			0,05	92

Tabelle 1: Liste der ADI-Werte (Fortsetzung)

Wirkstoff	ADI (WHO) mg/kg	Jahr	ADI (BfR) mg/kg	Jahr
Esfenvalerat			0,02	91
Ethephon	0,05	97	0,05	93
Ethiofencarb	0,1	82		
Ethirimol			0,1	89
Ethofumesat			0,07	01
Ethoprophos	0,0004	99	0,0004	01
Etoxazol			0,04	02
Famoxadon			0,012	02
Fenamiphos	0,0008	97	0,0005	91
Fenarimol	0,01	95	0,006	89
Fenazaquin			0,005	94
Fenbuconazol	0,03	97	0,006	93
Fenbutatin-oxid	0,03	92	0,03	93
Fenchlorazol			0,0025	91
Fenfuram			0,01	91
Fenhexamid			0,2	98
Fenoxaprop-P			0,01	98
Fenoxycarb			0,04	92
Fenpiclonil			0,0125	91
Fenpropathrin	0,03	93	0,03	96
Fenpropidin			0,005	94
Fenpropimorph	0,003	94	0,003	01
Fenpyroximat	0,01	95	0,01	94
Fenthion	0,007	97	0,002	96
Fentin-Verbindungen	0,0005	91	0,0005	92
Fenvalerat	0,02	86	0,02	91
Fipronil	0,0002	97	0,0002	98
Flazasulfuron			0,013	00
Florasulam			0,05	02
Fluazifop			0,005	89
Fluazifop-P-butyl			0,01	01

Tabelle 1: Liste der ADI-Werte (Fortsetzung)

Wirkstoff	ADI (WHO) mg/kg	Jahr	ADI (BfR) mg/kg	Jahr
Fluazinam			0,005	93
Fludioxonil			0,03	02
Flufenacet			0,005	01
Flumetralin			0,0075	89
Fluoroglycofen			0,01	93
Flupyrsulfuronmethyl			0,035	98
Fluquinconazol			0,005	00
Flurenol			0,015	90
Flurochloridon			0,023	93
Fluroxypyr			0,8	01
Flurprimidol			0,02	96
Flurtamon			0,03	96
Flusilazol	0,001	95	0,002	99
Flutriafol			0,01	90
Folpet	0,1	95	0,1	96
Fosetyl			3,0	93
Fosthiazate			0,004	01
Fuberidazol			0,04	93
Glufosinat	0,02	99	0,02	92
Glyphosat	0,3	86	0,3	01
Glyphosat-Trimesium			0,2	01
Guazatin			0,008	01
Haloxyfop	0,0003	95	0,0002	89
Haloxyfop-R			0,0003	99
Heptenophos			0,002	97
Hexaconazol	0,005	90	0,005	89
Hexazinon			0,1	89
Hexythiazox	0,03	91	0,03	91
Hydroxychinolin, 8-			0,2	89
Hymexazol			0,17	93
Imazalil	0,03	91	0,03	91

Tabelle 1: Liste der ADI-Werte (Fortsetzung)

Wirkstoff	ADI (WHO) mg/kg	Jahr	ADI (BfR) mg/kg	Jahr
Imidacloprid	0,06	01	0,057	93
Indoxacarb			0,006	02
Iodosulfuron			0,03	00
Ioxynil			0,005	01
Iprodion	0,06	95	0,06	01
Iprovalicarb			0,015	02
Isofenphos	0,001	86	0,001	92
Isoproturon			0,015	02
Isoxaben			0,06	02
Isoxadifen-ethyl			0,03	02
Isoxaflutole			0,02	98
Karbutilat			0,005	89
Kresoxim-methyl	0,4	98	0,4	02
Lenacil			0,15	94
Lindan	0,001	97	0,001	02
Linuron			0,003	02
Mancozeb (b)	0,03	93	0,03	01
Maneb (b)	0,03	93	0,03	95
MCPA			0,01	02
MCPB			0,01	02
Mecoprop-P			0,01	00
Mefenpyr			0,03	96
Mepiquat			0,3	01
Mesotrion			0,01	02
Metalaxyl	0,03	82	0,03	94
Metalaxyl-M			0,08	01
Metaldehyd			0,025	94
Metamitron			0,025	89
Metam-Natrium			0,001	96
Metazachlor			0,036	93
Metconazol			0,048	98

Tabelle 1: Liste der ADI-Werte (Fortsetzung)				
Wirkstoff	**ADI (WHO) mg/kg**	**Jahr**	**ADI (BfR) mg/kg**	**Jahr**
Methabenzthiazuron			0,05	89
Methamidophos	0,004	90	0,004	91
Methidathion	0,001	97	0,001	91
Methiocarb	0,02	98	0,001	90
Methopren, racemic	0,09	01	0,1	92
Methoxyfenozid			0,1	01
Metiram (b)	0,03	93	0,03	93
Metobromuron			0,008	94
Metolachlor			0,015	97
Metolachlor, S-			0,1	98
Metosulam			0,01	96
Metribuzin			0,013	93
Metsulfovax			0,025	91
Metsulfuron			0,22	00
Molinat			0,008	01
Monolinuron			0,003	02
Myclobutanil	0,03	92	0,025	92
Napropamid			0,3	89
Neem-Extrakt			0,1	98
Nicosulfuron			2,0	98
Nuarimol			0,025	91
Omethoat			0,0003	92
Oxadiargyl			0,008	01
Oxadixyl			0,05	96
Oxydemeton-methyl (a)	0,0003	89	0,0003	91
Paraquat	0,004	86	0,002	01
Parathion	0,004	95	0,0006	02
Parathion-methyl	0,003	95	0,001	02
Penconazol	0,03	92	0,03	93
Pencycuron			0,02	94
Pendimethalin	0,005	87	0,125	01

Tabelle 1: Liste der ADI-Werte (Fortsetzung)

Wirkstoff	ADI (WHO) mg/kg	Jahr	ADI (BfR) mg/kg	Jahr
Permethrin	0,05	99	0,05	91
Phenmedipham			0,03	02
Phosalon	0,02	97	0,005	96
Phosphamidon	0,0005	86	0,0005	91
Phoxim	0,004	99	0,001	93
Picolinafen			0,014	00
Picoxystrobin			0,046	00
Piperonylbutoxid	0,2	95	0,03	91
Pirimicarb	0,02	82	0,02	91
Pirimiphos-methyl	0,03	92	0,03	93
Primisulfuron			0,13	93
Prochloraz	0,01	83	0,01	93
Procymidon	0,1	89	0,025	02
Profenofos	0,01	90	0,005	01
Prohexadion-Ca			0,2	01
Propamocarb	0,1	86	0,1	91
Propaquizafop			0,003	94
Propiconazol	0,04	87	0,04	93
Propineb	0,007	93	0,007	96
Propoxur	0,02	89	0,02	90
Propoxycarbazon-Na			0,4	02
Propyzamid			0,021	97
Prosulfocarb			0,005	90
Prosulfuron			0,02	02
Prothiofos			0,0001	98
Pymetrozin			0,03	98
Pyraclostrobin			0,03	02
Pyraflufen			0,2	02
Pyrazophos	0,004	92	0,004	93
Pyrethrum	0,04	99	0,04	93
Pyridaben			0,008	92

Tabelle 1: Liste der ADI-Werte (Fortsetzung)

Wirkstoff	ADI (WHO) mg/kg	Jahr	ADI (BfR) mg/kg	Jahr
Pyridat			0,036	01
Pyrifenox			0,09	91
Pyrimethanil			0,2	00
Quinmerac			0,08	93
Quinoclamin			0,002	97
Quinoxyfen			0,2	01
Quizalofop			0,01	92
Rimsulfuron			0,1	00
Simazin			0,005	91
Spinosad			0,024	01
Spiroxamin			0,025	96
Streptomycin	0,03	95	0,01	97
Sulcotrion			0,0005	95
Sulfosulfuron			0,24	02
Sulfotep			0,001	90
Tau-Fluvalinat			0,005	95
Tebuconazol	0,03	94	0,03	91
Tebufenozid	0,02	96	0,02	96
Tebufenpyrad			0,0025	94
Tebutam			0,3	90
Teflubenzuron	0,01	94	0,01	92
Tefluthrin			0,005	91
Tepraloxydim			0,06	00
Terbufos	0,0002	90	0,0002	91
Terbuthylazin			0,002	01
Terbutryn			0,025	91
Tetraconazol			0,004	99
Thiabendazol	0,1	97	0,1	01
Thiacloprid			0,01	01
Thiamethoxam			0,026	01
Thifensulfuron			0,01	01

Tabelle 1: Liste der ADI-Werte (Fortsetzung)				
Wirkstoff	**ADI (WHO) mg/kg**	**Jahr**	**ADI (BfR) mg/kg**	**Jahr**
Thiocyclam			0,0125	91
Thiodicarb	0,03	86	0,03	93
Thiophanat-methyl	0,08	98	0,02	97
Thiram	0,01	92	0,01	93
Tolclofos-methyl	0,07	94	0,06	93
Tolylfluanid	0,1	88	0,1	02
Triadimefon	0,03	85	0,03	91
Triadimenol	0,05	89	0,05	92
Triasulfuron			0,01	01
Triazophos	0,001	93	0,001	93
Triazoxid			0,0005	92
Tribenuron			0,01	93
Trichlorfon	0,02	00	0,01	92
Triclopyr			0,005	98
Tridemorph			0,016	91
Trifloxystrobin			0,1	02
Triflumuron			0,007	92
Trifluralin			0,0075	90
Triflusulfuron			0,05	94
Triforin	0,02	97	0,02	91
Trinexapac			0,3	95
Triticonazol			0,025	97
Vamidothion	0,008	88	0,008	91
Vinclozolin	0,01	95	0,005	00
Warfarin			0,0003	01
Zetacypermethrin			0,05	94
Zineb (b)	0,03	93	0,03	95
Zoxamid			0,5	01

ADI: Acceptable Daily Intake; a: Der ADI-Wert gilt auch für die verwandten Wirkstoffe Demeton-S-methyl-sulfon und Oxydemetonmethyl (= Demeton-S-methyl-sulfoxid); b: Der ADI-Wert von 0,03 mg/kg KG gilt für jedes einzelne Ethylen-bis-dithiocarbamat (Mancozeb, Maneb, Metiram, Zineb) oder als Summe bei gleichzeitigem Auftreten von zwei oder mehr dieser Wirkstoffe; c: Der ADI-Wert von Eisen-III-phosphat bezieht sich auf Eisen (Fe).

Minimal Risk Level (MRL)

Bei den MRL (Minimal Risk Level) werden in Abstimmung mit der amerikanischen Umweltschutzbehörde (U. S. Environmental Protection Agency) von der ATSDR (Agency for Toxic Substances and Disease Registry) toxikologische Profile für prioritäre, gefährliche Substanzen entwickelt. Hieraus werden, unter Berücksichtigung und Würdigung der vorliegenden toxikologischen Untersuchungen die MRL (bisher 315) für die verschiedenen Expositionspfade (inhalativ, oral, dermal) für akute, subakute und chronische Expositionsbedingungen festgelegt. MRL werden unter Verwendung eines Sicherheitsfaktors aus dem toxikologischen Wert entwickelt, bei dem keine adverse Wirkung mehr beobachtet werden kann (dem so genannten No-observed-adverse-effect-level, NOAEL). Die Höhe des Sicherheitsfaktors ergibt sich zum Beispiel aus der Übertragung von Ergebnissen aus Tierversuchen auf den Menschen, aus der unterschiedlichen Empfindlichkeit von Organismen und der Unsicherheit der toxikologischen Grunddaten. Kanzerogene Wirkungen werden grundsätzlich nicht bei der Ableitung berücksichtigt. Als Expositionssituation wird dabei verstanden: akut: 1–14 Tage; subchronisch: 15–364 Tage und chronisch: 365 Tage und länger.

Definitionsgemäß handelt es sich bei den MRL um einen Wert, unterhalb dessen – auch bei täglicher Aufnahme – keine substanzbezogenen negativen gesundheitlichen Wirkungen zu erwarten sind. Im Gegensatz zu den vorgenannten Wertsetzungen beschreiben die MRL somit keinen Bereich in dem mit schweren gesundheitlichen Effekten zu rechnen ist.

Quelle:

Agency for Toxic Substances and Disease Registry: Minimal Risk Level. (http://www.atsdr.cdc.gov/mrls.html; Januar 2003).

Tabelle 2: Liste der Minimal Risk Level

Name	Aufnahmeweg	Aufnahmedauer	MRL-Wert	Dimension	Sicherheitsfaktor	CAS-Nummer
Acenaphthen	Oral	Subchronisch	0,6	mg/kg/Tag	300	000083-32-9
Aceton	Inhalativ	Akut	26	ppm	9	000067-64-1
		Subchronisch	13	ppm	100	
		Chronisch	13	ppm	100	
	Oral	Subchronisch	2	mg/kg/Tag	100	
Acrolein	Inhalativ	Akut	0,00005	ppm	100	000107-02-8
		Subchronisch	0,000009	ppm	1.000	
	Oral	Chronisch	0,0005	mg/kg/Tag	100	
Acrylnitril	Inhalativ	Akut	0,1	ppm	10	000107-13-1
	Oral	Akut	0,1	mg/kg/Tag	100	
		Subchronisch	0,01	mg/kg/Tag	1.000	
		Chronisch	0,04	mg/kg/Tag	100	
Aldrin	Oral	Akut	0,002	mg/kg/Tag	1.000	000309-00-2
		Chronisch	0,00003	mg/kg/Tag	1.000	
Aluminium	Oral	Subchronisch	2	mg/kg/Tag	30	007429-90-5
Ammonium	Inhalativ	Akut	1,7	ppm	30	007664-41-7
		Chronisch	0,3	ppm	10	
	Oral	Subchronisch	0,3	mg/kg/Tag	100	
Anthracen	Oral	Subchronisch	10	mg/kg/Tag	100	000120-12-7
Arsen	Oral	Akut	0,005	mg/kg/Tag	10	007440-38-2
		Chronisch	0,0003	mg/kg/Tag	3	
Atrazin	Oral	Akut	0,01	mg/kg/Tag	100	001912-24-9
Benzol	Inhalativ	Akut	0,05	ppm	300	000071-43-2
		Subchronisch	0,004	ppm	90	
Beryllium	Oral	Chronisch	0,002	mg/kg/Tag	300	007440-41-7
Bioallethrin	Oral	Akut	0,0007	mg/kg/Tag	300	028434-00-6

Tabelle 2: Liste der Minimal Risk Level (Fortsetzung)

Name	Aufnahmeweg	Aufnahmedauer	MRL-Wert	Dimension	Sicher-heitsfaktor	CAS-Nummer
Bis(chlormethyl)ether	Inhalativ	Subchronisch	0,0003	ppm	100	000542-88-1
Bis(2-chlormethyl)ether	Inhalativ	Subchronisch	0,02	ppm	1.000	000111-44-4
Boron	Oral	Subchronisch	0,01	mg/kg/Tag	1.000	007440-42-8
Bromdichlormethan	Oral	Akut	0,04	mg/kg/Tag	1.000	000075-27-4
		Chronisch	0,02	mg/kg/Tag	1.000	
Bromoform	Oral	Akut	0,6	mg/kg/Tag	100	000075-25-2
		Chronisch	0,2	mg/kg/Tag	100	
Brommethan	Inhalativ	Akut	0,05	ppm	100	000074-83-9
		Subchronisch	0,05	ppm	100	
		Chronisch	0,005	ppm	100	
	Oral	Subchronisch	0,003	mg/kg/Tag	100	
Butoxyethanol, 2-	Inhalativ	Akut	6	ppm	9	000111-76-2
		Subchronisch	3	ppm	9	
		Chronisch	0,2	ppm	3	
	Oral	Akut	0,4	mg/kg/Tag	90	
		Subchronisch	0,07	mg/kg/Tag	1.000	
Cadmium	Oral	Chronisch	0,0002	mg/kg/Tag	10	007440-43-9
Chlordan	Inhalativ	Subchronisch	0,0002	mg/m^3	100	000057-74-9
		Chronisch	0,00002	mg/m^3	1.000	
	Oral	Akut	0,001	mg/kg/Tag	1.000	
		Subchronisch	0,0006	mg/kg/Tag	100	
		Chronisch	0,0006	mg/kg/Tag	100	
Chlordecon	Oral	Akut	0,01	mg/kg/Tag	100	000143-50-0
		Subchronisch	0,0005	mg/kg/Tag	100	
		Chronisch	0,0005	mg/kg/Tag	100	
Chlordioxid	Inhalativ	Subchronisch	0,001	ppm	300	010049-04-4

Tabelle 2: Liste der Minimal Risk Level (Fortsetzung)

Name	Aufnahmeweg	Aufnahmedauer	MRL-Wert	Dimension	Sicherheitsfaktor	CAS-Nummer
Chlorfenvinphos	Oral	Akut	0,002	mg/kg/Tag	1.000	000470-90-6
		Subchronisch	0,002	mg/kg/Tag	1.000	
		Chronisch	0,0007	mg/kg/Tag	1.000	
Chlorbenzol	Oral	Subchronisch	0,4	mg/kg/Tag	100	000108-90-7
Chlordibrommethan	Oral	Akut	0,04	mg/kg/Tag	1.000	000124-48-1
		Chronisch	0,03	mg/kg/Tag	1.000	
Chlorethan	Inhalativ	Akut	15	ppm	100	000075-00-3
Chlorit	Oral	Subchronisch	0,1	mg/kg/Tag	30	007758-19-2
Chlormethan	Inhalativ	Akut	0,5	ppm	100	000074-87-3
		Subchronisch	0,2	ppm	300	
		Chronisch	0,05	ppm	1.000	
Chloroform	Inhalativ	Akut	0,1	ppm	30	000067-66-3
		Subchronisch	0,05	ppm	100	
		Chronisch	0,02	ppm	100	
	Oral	Akut	0,3	mg/kg/Tag	100	
		Subchronisch	0,1	mg/kg/Tag	100	
		Chronisch	0,01	mg/kg/Tag	1.000	
Chlorphenol, 4-	Oral	Akut	0,01	mg/kg/Tag	100	000106-48-9
Chlorpyrifos	Oral	Akut	0,003	mg/kg/Tag	10	002921-88-2
		Subchronisch	0,003	mg/kg/Tag	10	
		Chronisch	0,001	mg/kg/Tag	100	
Chrom (VI) (partikulär)	Inhalativ	Subchronisch	0,001	mg/m^3	30	018540-29-9
Chrom (VI) (Aerosol, Nebel)	Inhalativ	Subchronisch	0,000005	mg/m^3	100	007738-94-5
Cobalt	Inhalativ	Chronisch	0,0001	mg/m^3	10	007440-48-4
	Oral	Subchronisch	0,01	mg/kg/Tag	100	

Tabelle 2: Liste der Minimal Risk Level (Fortsetzung)

Name	Aufnahmeweg	Aufnahmedauer	MRL-Wert	Dimension	Sicherheitsfaktor	CAS-Nummer
Cresol, meta-	Oral	Akut	0,05	mg/kg/Tag	100	000108-39-4
Cresol, ortho-	Oral	Akut	0,05	mg/kg/Tag	100	000095-48-7
Cresol, para-	Oral	Akut	0,05	mg/kg/Tag	100	000106-44-5
DDT, p,p'-	Oral	Akut	0,0005	mg/kg/Tag	1.000	000050-29-3
		Subchronisch	0,0005	mg/kg/Tag	100	
Deltamethrin	Oral	Akut	0,002	mg/kg/Tag	300	025918-63-5
Diazinon	Inhalativ	Subchronisch	0,009	mg/m^3	30	000333-41-5
	Oral	Subchronisch	0,0002	mg/kg/Tag	100	
Dibrom-3-chlorpropan, 1,2-	Inhalativ	Subchronisch	0,0002	ppm	100	000096-12-8
	Oral	Subchronisch	0,002	mg/kg/Tag	1.000	
Dibutylphthalat (DBP)	Oral	Subchronisch	0,5	mg/kg/Tag	100	000084-74-2
Dioctylphthalat (DOP)	Oral	Akut	3	mg/kg/Tag	300	000117-84-0
		Subchronisch	0,4	mg/kg/Tag	100	
Dichlorbenzol, 1,4-	Inhalativ	Akut	0,8	ppm	100	000106-46-7
		Subchronisch	0,2	ppm	100	
		Chronisch	0,1	ppm	100	
	Oral	Subchronisch	0,4	mg/kg/Tag	300	
Dichlorethan, 1,2	Inhalativ	Chronisch	0,6	ppm	90	000107-06-2
Dichlorethen, 1,1-	Inhalativ	Subchronisch	0,02	ppm	100	000075-35-4
	Oral	Chronisch	0,009	mg/kg/Tag	1.000	
Dichlorethen, cis-1,2-	Oral	Akut	1	mg/kg/Tag	100	000156-59-2
		Subchronisch	0,3	mg/kg/Tag	100	
Dichlorethen, trans-1,2-	Inhalativ	Akut	0,2	ppm	1.000	000156-60-5
		Subchronisch	0,2	ppm	1.000	
	Oral	Subchronisch	0,2	mg/kg/Tag	100	

Tabelle 2: Liste der Minimal Risk Level (Fortsetzung)

Name	Aufnahmeweg	Aufnahmedauer	MRL-Wert	Dimension	Sicherheitsfaktor	CAS-Nummer
Dichlorpropan, 1,2-	Inhalativ	Akut	0,05	ppm	1.000	000078-87-5
		Subchronisch	0,007	ppm	1.000	
	Oral	Akut	0,1	mg/kg/Tag	1.000	
		Subchronisch	0,07	mg/kg/Tag	1.000	
		Chronisch	0,09	mg/kg/Tag	1.000	
Dichlorpropen, 1,3-	Inhalativ	Subchronisch	0,003	ppm	100	000542-75-6
		Chronisch	0,002	ppm	100	
Dichlorvos	Inhalativ	Akut	0,002	ppm	100	000062-73-7
		Subchronisch	0,0003	ppm	100	
		Chronisch	0,00006	ppm	100	
	Oral	Akut	0,004	mg/kg/Tag	1.000	
		Subchronisch	0,003	mg/kg/Tag	10	
		Chronisch	0,0005	mg/kg/Tag	100	
Dieldrin	Oral	Subchronisch	0,0001	mg/kg/Tag	100	000060-57-1
		Chronisch	0,00005	mg/kg/Tag	100	
Di(2-ethylhexyl) phthalat (DEHP)	Oral	Subchronisch	0,1	mg/kg/Tag	100	000117-81-7
		Chronisch	0,06	mg/kg/Tag	100	
Diethylphthalat (DEP)	Oral	Akut	7	mg/kg/Tag	300	000084-66-2
		Subchronisch	6	mg/kg/Tag	300	
Diisopropyl-methylphosphanat	Oral	Subchronisch	0,8	mg/kg/Tag	100	001445-75-6
		Chronisch	0,6	mg/kg/Tag	100	
Dimethylhy-drazin, 1,1-	Inhalativ	Subchronisch	0,0002	ppm	300	000057-14-7
Dimethylhy-drazin, 1,2-	Oral	Subchronisch	0,0008	mg/kg/Tag	1.000	000540-73-8
Dinitrobenzol, 1,3-	Oral	Akut	0,008	mg/kg/Tag	100	000099-65-0
		Subchronisch	0,0005	mg/kg/Tag	1.000	

Tabelle 2: Liste der Minimal Risk Level (Fortsetzung)

Name	Aufnahmeweg	Aufnahmedauer	MRL-Wert	Dimension	Sicher-heitsfaktor	CAS-Nummer
Dinitro-o-cresol, 4,6-	Oral	Akut	0,004	mg/kg/Tag	100	000534-52-1
		Subchronisch	0,004	mg/kg/Tag	100	
Dichlorphenol, 2,4-	Oral	Subchronisch	0,003	mg/kg/Tag	100	000120-83-2
Dinitrophenol, 2,4-	Oral	Akut	0,01	mg/kg/Tag	100	000051-28-5
Dinitrotoluol, 2,4-	Oral	Akut	0,05	mg/kg/Tag	100	000121-14-2
		Chronisch	0,002	mg/kg/Tag	100	
Dinitrotoluol, 2,6-	Oral	Subchronisch	0,004	mg/kg/Tag	1.000	000606-20-2
Disulfoton	Inhalativ	Akut	0,006	mg/m^3	30	000298-04-4
		Subchronisch	0,0002	mg/m^3	30	
	Oral	Akut	0,001	mg/kg/Tag	100	
		Subchronisch	0,00009	mg/kg/Tag	100	
		Chronisch	0,00006	mg/kg/Tag	1.000	
Endosulfan	Oral	Subchronisch	0,0005	mg/kg/Tag	100	000115-29-7
		Chronisch	0,002	mg/kg/Tag	100	
Endrin	Oral	Subchronisch	0,002	mg/kg/Tag	100	000072-20-8
		Chronisch	0,0003	mg/kg/Tag	100	
Ethion	Oral	Akut	0,002	mg/kg/Tag	30	000563-12-2
		Subchronisch	0,002	mg/kg/Tag	30	
		Chronisch	0,0004	mg/kg/Tag	150	
Ethylbenzol	Inhalativ	Subchronisch	1	ppm	100	000100-41-4
Ethylenglycol	Inhalativ	Akut	0,5	ppm	100	000107-21-1
	Oral	Akut	2,0	mg/kg/Tag	100	
		Chronisch	2,0	mg/kg/Tag	100	
Ethylenoxid	Inhalativ	Subchronisch	0,09	ppm	100	000075-21-8
Fluoranthen	Oral	Subchronisch	0,4	mg/kg/Tag	300	000206-44-0
Fluoren	Oral	Subchronisch	0,4	mg/kg/Tag	300	000086-73-7

Tabelle 2: Liste der Minimal Risk Level (Fortsetzung)

Name	Aufnahmeweg	Aufnahmedauer	MRL-Wert	Dimension	Sicher-heitsfaktor	CAS-Nummer
Fluorwasserstoff	Inhalativ	Akut	0,03	ppm	30	007664-39-3
		Subchronisch	0,02	ppm	30	
Formaldehyd	Inhalativ	Akut	0,04	ppm	9	000050-00-0
		Subchronisch	0,03	ppm	30	
		Chronisch	0,008	ppm	30	
	Oral	Subchronisch	0,3	mg/kg/Tag	100	
		Chronisch	0,2	mg/kg/Tag	100	
Flugbenzin Nr. 2	Inhalativ	Akut	0,02	mg/m³	1.000	068476-30-2
Fluor	Inhalativ	Akut	0,01	mg/m³	10	007782-41-4
Hexachlorbenzol	Oral	Akut	0,008	mg/kg/Tag	300	000118-74-1
		Subchronisch	0,0001	mg/kg/Tag	90	
		Chronisch	0,00005	mg/kg/Tag	300	
Hexachlorbutadien	Oral	Subchronisch	0,0002	mg/kg/Tag	1.000	000087-68-3
Hexachlorcy-clohexan, alpha-	Oral	Chronisch	0,008	mg/kg/Tag	100	000319-84-6
Hexachlorcy-clohexan, beta-	Oral	Akut	0,2	mg/kg/Tag	100	000319-85-7
		Subchronisch	0,0006	mg/kg/Tag	300	
Hexachlorcyclohexan, gamma- (Lindan)	Oral	Akut	0,01	mg/kg/Tag	100	000058-89-9
		Subchronisch	0,00001	mg/kg/Tag	1.000	
Hexachlorcyclo-pentadien	Inhalativ	Subchronisch	0,01	ppm	30	000077-47-4
		Chronisch	0,0002	ppm	90	
	Oral	Subchronisch	0,1	mg/kg/Tag	100	
Hexachlorethan	Inhalativ	Akut	6	ppm	30	000067-72-1
		Subchronisch	6	ppm	30	
	Oral	Akut	1	mg/kg/Tag	100	
		Subchronisch	0,01	mg/kg/Tag	100	

Tabelle 2: Liste der Minimal Risk Level (Fortsetzung)

Name	Aufnahmeweg	Aufnahmedauer	MRL-Wert	Dimension	Sicher-heitsfaktor	CAS-Nummer
Hexamethylen-diisocyanat	Inhalativ Chronisch	Subchronisch 0,00001	0,00003 ppm	ppm 90	30	000822-06-0
Hexan, n-	Inhalativ	Chronisch	0,6	ppm	100	000110-54-3
Hexogen (Cyclotrimethylentri-nitramin, RDX)	Oral	Akut Subchronisch	0,06 0,03	mg/kg/Tag mg/kg/Tag	100 300	000121-82-4
Hydrazin	Inhalativ	Subchronisch	0,004	ppm	300	000302-01-2
Isophoron	Oral	Subchronisch Chronisch	3 0,2	mg/kg/Tag mg/kg/Tag	100 1.000	000078-59-1
Jod	Oral	Akut Chronisch	0,01 0,01	mg/kg/Tag mg/kg/Tag	1 1	007553-56-2
JP-4	Inhalativ	Subchronisch	9	mg/m³	300	050815-00-4
JP-5/JP-8/Benzin	Inhalativ	Subchronisch	3	mg/m³	300	
JP-7	Inhalativ	Chronisch	0,3	mg/m³	300	
Kerosin	Inhalativ	Subchronisch	0,01	mg/m³	1.000	008008-20-6
Kupfer	Oral	Akut Subchronisch	0,02 0,03	mg/kg/Tag mg/kg/Tag	3 10	007440-50-8
Malathion	Inhalativ Oral	Akut Subchronisch Subchronisch Chronisch	0,2 0,02 0,02 0,02	mg/m³ mg/m³ mg/kg/Tag mg/kg/Tag	100 1.000 10 100	000121-75-5
Mangan	Inhalativ	Chronisch	0,00004	mg/m³	500	007439-96-5
Methoxychlor	Oral	Subchronisch	0,005	mg/kg/Tag	1.000	000072-43-5
Methylnaphthalin, 1-	Oral	Chronisch	0,07	mg/kg/Tag	1.000	000090-12-0

Tabelle 2: Liste der Minimal Risk Level (Fortsetzung)

Name	Aufnahmeweg	Aufnahmedauer	MRL-Wert	Dimension	Sicherheitsfaktor	CAS-Nummer
Methylparathion	Oral	Subchronisch	0,0007	mg/kg/Tag	300	000298-00-0
		Chronisch	0,0003	mg/kg/Tag	100	
Methyl-t-butylether	Inhalativ	Akut	2	ppm	100	001634-04-4
		Subchronisch	0,7	ppm	100	
		Chronisch	0,7	ppm	100	
	Oral	Akut	0,4	mg/kg/Tag	100	
		Subchronisch	0,3	mg/kg/Tag	300	
Methylenbis (2-chloranilin), 4,4'-	Oral	Chronisch	0,003	mg/kg/Tag	3.000	000101-14-4
Methylenchlorid	Inhalativ	Akut	0,6	ppm	100	000075-09-2
		Subchronisch	0,3	ppm	90	
		Chronisch	0,3	ppm	30	
	Oral	Akut	0,2	mg/kg/Tag	100	
		Chronisch	0,06	mg/kg/Tag	100	
Methylendianilin, 4,4'-	Oral	Akut	0,2	mg/kg/Tag	300	000101-77-9
		Subchronisch	0,08	mg/kg/Tag	100	
Methylquecksilber	Oral	Chronisch	0,003	mg/kg/Tag	4	022967-92-6
Mirex	Oral	Chronisch	0,0008	mg/kg/Tag	100	002385-85-5
Naphthalin	Inhalativ	Chronisch	0,002	ppm	1.000	000091-20-3
	Oral	Akut	0,05	mg/kg/Tag	1.000	
		Subchronisch	0,02	mg/kg/Tag	300	
Natriumcyanid	Oral	Subchronisch	0,05	mg/kg/Tag	100	000143-33-9
Natriumfluorid	Oral	Chronisch	0,06	mg/kg/Tag	10	007681-49-4
Nickel	Inhalativ	Chronisch	0,0002	mg/m^3	30	007440-02-0
N-Nitrosodi-n-propylamin	Oral	Akut	0,095	mg/kg/Tag	100	000621-64-7

Tabelle 2: Liste der Minimal Risk Level (Fortsetzung)

Name	Aufnahmeweg	Aufnahmedauer	MRL-Wert	Dimension	Sicherheitsfaktor	CAS-Nummer
Oktogen (Cyclotetramethylen-tetranitramin, HMX)	Oral	Akut	0,1	mg/kg/Tag	1.000	002691-41-0
		Subchronisch	0,05	mg/kg/Tag	1.000	
Pentachlordibenzofuran, 2,3,4,7,8- (PCDF)	Oral	Akut	0,000001	mg/kg/Tag	3.000	057117-31-4
		Subchronisch	0,00000003	mg/kg/Tag	3.000	
Pentachlorphenol (PCP)	Oral	Akut	0,005	mg/kg/Tag	1.000	000087-86-5
		Subchronisch	0,001	mg/kg/Tag	1.000	
		Chronisch	0,001	mg/kg/Tag	1.000	
Phosphor, weiß	Inhalativ	Akut	0,02	mg/m^3	30	007723-14-0
	Oral	Subchronisch	0,0002	mg/kg/Tag	100	
Polybromierte Biphenyle (PBB)	Oral	Akut	0,01	mg/kg/Tag	100	067774-32-7
Polybromierte Diphenylether	Oral	Akut	0,03	mg/kg/Tag	30	032534-81-9
		Subchronisch	0,007	mg/kg/Tag	300	
Polychlorierte Biphenyle (Arochlor 1254)	Oral	Subchronisch	0,03	µg/kg/Tag	300	011097-69-1
		Chronisch	0,02	µg/kg/Tag	300	
Propylenglycoldinitrat	Inhalativ	Akut	0,003	ppm	10	006423-43-4
		Subchronisch	0,00004	ppm	1.000	
		Chronisch	0,00004	ppm	1.000	
Propylenglycol	Inhalativ	Subchronisch	0,009	ppm	1.000	000057-55-6
Quecksilberchlorid	Oral	Akut	0,007	mg/kg/Tag	100	007487-94-7
		Subchronisch	0,002	mg/kg/Tag	100	
Quecksilber	Inhalativ	Chronisch	0,0002	mg/m^3	30	007439-97-6
Selen	Oral	Chronisch	0,005	mg/kg/Tag	3	007782-49-2

Tabelle 2: Liste der Minimal Risk Level (Fortsetzung)

Name	Aufnahmeweg	Aufnahmedauer	MRL-Wert	Dimension	Sicher-heitsfaktor	CAS-Nummer
Senfgas	Inhalativ	Akut	0,0002	mg/m^3	900	000505-60-2
	Oral	Akut	0,0005	mg/kg/Tag	1.000	
		Subchronisch	0,00002	mg/kg/Tag	1.000	
Strontium	Oral	Subchronisch	2	mg/kg/Tag	30	007440-24-6
Styrol	Inhalativ	Chronisch	0,06	ppm	100	000100-42-5
	Oral	Subchronisch	0,2	mg/kg/Tag	1.000	
Schwefeldioxid	Inhalativ	Akut	0,01	ppm	9	007446-09-5
Schwefelkohlenstoff	Inhalativ	Chronisch	0,3	ppm	30	000075-15-0
	Oral	Akut	0,01	mg/kg/Tag	300	
Schwefelwasserstoff	Inhalativ	Akut	0,07	ppm	30	007783-06-4
		Subchronisch	0,03	ppm	30	
Tetrachlordibenzo-p-dioxin, 2,3,7,8-(TCDD)	Oral	Akut	0,0002	µg/kg/Tag	21	001746-01-6
		Subchronisch	0,00002	µg/kg/Tag	30	
		Chronisch	0,000001	µg/kg/Tag	90	
Tetrachlorethan, 1,1,2,2-	Inhalativ	Subchronisch	0,4	ppm	300	000079-34-5
	Oral	Subchronisch	0,6	mg/kg/Tag	100	
		Chronisch	0,04	mg/kg/Tag	1.000	
Tetrachlorethylen (Perchlorethylen)	Inhalativ	Akut	0,2	ppm	10	000127-18-4
		Chronisch	0,04	ppm	100	
	Oral	Akut	0,05	mg/kg/Tag	100	
Tetrachlorkohlenstoff	Inhalativ	Akut	0,2	ppm	300	000056-23-5
		Subchronisch	0,05	ppm	100	
	Oral	Akut	0,02	mg/kg/Tag	300	
		Subchronisch	0,007	mg/kg/Tag	100	
Titanchlorid ($TiCl_4$)	Inhalativ	Subchronisch	0,01	mg/m^3	90	007550-45-0
		Chronisch	0,0001	mg/m^3	90	

Tabelle 2: Liste der Minimal Risk Level (Fortsetzung)

Name	Aufnahmeweg	Aufnahmedauer	MRL-Wert	Dimension	Sicher-heitsfaktor	CAS-Nummer
Toluol	Inhalativ	Akut	1	ppm	10	000108-88-3
		Chronisch	0,08	ppm	100	
	Oral	Akut	0,8	mg/kg/Tag	300	
		Subchronisch	0,02	mg/kg/Tag	300	
Toxaphen	Oral	Akut	0,005	mg/kg/Tag	1.000	008001-35-2
		Subchronisch	0,001	mg/kg/Tag	300	
Trichlorethan, 1,1,1-	Inhalativ	Akut	2	ppm	100	000071-55-6
		Subchronisch	0,7	ppm	100	
Trichlorethan, 1,1,2-	Oral	Akut	0,3	mg/kg/Tag	100	000079-00-5
		Subchronisch	0,04	mg/kg/Tag	100	
Trichlorethylen	Inhalativ	Akut	2	ppm	30	000079-01-6
		Subchronisch	0,1	ppm	300	
	Oral	Akut	0,2	mg/kg/Tag	300	
Trichlorpropan, 1,2,3-	Inhalativ	Akut	0,0003	ppm	100	000096-18-4
	Oral	Subchronisch	0,06	mg/kg/Tag	100	
Trinitrotoluol, 2,4,6-	Oral	Subchronisch	0,0005	mg/kg/Tag	1.000	000118-96-7
Uran (gut lösliche Salze)	Inhalativ	Subchronisch	0,0004	mg/m^3	90	
		Chronisch	0,0003	mg/m^3	30	
	Oral	Subchronisch	0,002	mg/kg/Tag	30	
Uran (unlöslich)	Inhalativ	Subchronisch	0,008	mg/m^3	30	
Vanadium	Inhalativ	Akut	0,0002	mg/m^3	100	007440-62-2
	Oral	Subchronisch	0,003	mg/kg/Tag	100	
Vinylazetat	Inhalativ	Subchronisch	0,01	ppm	100	000108-05-4
Vinylchlorid	Inhalativ	Akut	0,5	ppm	100	000075-01-4
		Subchronisch	0,03	ppm	300	
	Oral	Chronisch	0,00002	mg/kg/Tag	1.000	

Tabelle 2: Liste der Minimal Risk Level (Fortsetzung)

Name	Aufnahmeweg	Aufnahmedauer	MRL-Wert	Dimension	Sicherheitsfaktor	CAS-Nummer
Xylol, m-	Oral	Subchronisch	0,6	mg/kg/Tag	1.000	000108-38-3
Xylol, p-	Oral	Akut	1	mg/kg/Tag	100	000106-42-3
Xylol, gesamt	Inhalativ	Akut	1	ppm	100	001330-20-7
		Subchronisch	0,7	ppm	300	
		Chronisch	0,1	ppm	100	
	Oral	Subchronisch	0,2	mg/kg/Tag	1.000	
Zink	Oral	Subchronisch	0,3	mg/kg/Tag	3	007440-66-6
		Chronisch	0,3	mg/kg/Tag	3